鄂尔多斯盆地延长组7段页岩在热作用下变化机理探讨

罗 霞　赵忠英　林森虎　等著

北 京
冶 金 工 业 出 版 社
2024

内 容 提 要

本书基于鄂尔多斯盆地延长组 7 段页岩热作用下的生油气机理和岩石性质变化特征的模拟实验，系统阐述了页岩在半开放体系下和开放体系下的生烃机理、生烃动力学特征、原位热作用下页岩性质变化特征，为开采中低成熟度原位转化页岩油和原位转化油页岩提供了基础理论支撑和关键参数。

本书可供从事应用原位转化技术开采中低成熟度页岩油/油页岩和油砂等的非常规勘探开发工作的科研人员参考，也可供矿业工程、地质工程等相关专业的本科生及研究生阅读。

图书在版编目（CIP）数据

鄂尔多斯盆地延长组 7 段页岩在热作用下变化机理探讨 / 罗霞等著. -- 北京：冶金工业出版社，2024. 9.
ISBN 978-7-5024-9891-7

Ⅰ. P618.12

中国国家版本馆 CIP 数据核字第 2024257BM1 号

鄂尔多斯盆地延长组 7 段页岩在热作用下变化机理探讨

出版发行	冶金工业出版社	**电　　话**	(010)64027926
地　　址	北京市东城区嵩祝院北巷 39 号	**邮　　编**	100009
网　　址	www.mip1953.com	**电子信箱**	service@mip1953.com

责任编辑　刘璐璐　张熙莹　美术编辑　吕欣童　版式设计　郑小利
责任校对　梅雨晴　责任印制　禹　蕊
北京建宏印刷有限公司印刷
2024 年 9 月第 1 版，2024 年 9 月第 1 次印刷
710mm×1000mm　1/16；9.5 印张；185 千字；144 页
定价 89.00 元

投稿电话　(010)64027932　投稿信箱　tougao@cnmip.com.cn
营销中心电话　(010)64044283
冶金工业出版社天猫旗舰店　yjgycbs.tmall.com
（本书如有印装质量问题，本社营销中心负责退换）

本书撰写人员

罗　霞　赵忠英　林森虎　韩文学
麻伟娇　张紫芸　庞正炼　张丽君
米敬奎　崔景伟　吴松涛

前　言

中低成熟度原位转化页岩油技术可采资源量为700亿～900亿吨，是中国常规石油技术可采资源总量的3～4倍，但现有技术无法实现中低成熟度页岩油规模效益开发。原位转化技术通过地下加热使页岩中的干酪根热解生成石油和天然气，重质滞留油裂解成轻质油和气体，可将页岩的生排烃过程由自然界以百万年计的时间缩短到几年时间（通常3～5年），是油气开采从物理开采向化学开采的革命性创新技术。鄂尔多斯盆地位于中国中北部，是中国第二大沉积盆地，油气资源量十分丰富。三叠系上统延长组沉积期代表了整个湖盆的演化过程，沉积了一整套湖相地层，可划分为10段（延长组10段至延长组1段），其中延长组7段发育于湖盆面积最大、水体最深的时期，沉积了盆地最优质的页岩，有机碳含量极高，成熟度较低，原位热转化油气资源量巨大。

本书从室内实验研究出发，对鄂尔多斯盆地延长组7段页岩在热作用下生油气和岩石性质等特征进行了系统实验与分析，重点探讨了其在热作用下的生油气机理和性质变化特征，对鄂尔多斯盆地及其他地区进行页岩/油页岩原位转化开采有重要借鉴作用。

本书通过进行不同升温速率下延长组7段典型页岩半开放-半封闭体系和开放体系室内模拟实验，使其在短时间内完成原位转化条件下生烃-滞留烃-排烃过程，揭示了热解产物随热成熟度升高的变化特征，深入探讨了延长组7段页岩原位转化条件下的生-排-滞油气机理及动力学特征，推测出该段页岩干酪根的原始结构信息及裂解生烃演化途径。通过模拟实验，系统分析了原位加热条件下页岩及其孔隙变化特征，提出了基于热模拟实验的中低成熟度页岩油原位开采可行性。研究成果可为中低成熟度页岩原位转化在中国的开展提供基础理论和关键参数。

全书共分4章，前言由罗霞撰写，第1章由罗霞、麻伟娇撰写；第2章由罗霞、麻伟娇、林森虎、韩文学、米敬奎撰写；第3章由罗霞、张紫芸、米敬奎撰写；第4章由赵忠英、崔景伟、庞正炼、张丽君、吴松涛撰写。张岩、景辅泰、田华、崔京刚、丁丽华、郝加庆等参与了研究工作。全书由罗霞负责统稿和定稿。

本书在研究和撰写过程中，得到了中国石油天然气股份有限公司和中国石油勘探开发研究院各级领导支持，刘玉章教授、胡素云教授、陈志勇教授、杨威教授、侯连华教授等对书稿提出了宝贵的意见，另外得到了中国石油深圳新能源研究院李士祥教授、中国石油长庆油田勘探开发研究院郭正权高级工程师、周新平高级工程师、张莲忠高级工程师、郭芪恒高级工程师等的大力支持和热心帮助，在此一并表示衷心的感谢。

由于作者水平所限，书中不足之处，敬请专家和读者批评指正。

作　者

2024年7月

目　录

1 绪　论

1.1 油页岩概述

1.1.1 油页岩的定义

关于油页岩的定义，不同学者持有不同的观点。Gavin 将油页岩定义为灰分在33%以上，加热时有页岩油产出的致密型沉积岩（Gavin，1924）；Tissot 和 Welter 指出，任何热解生油量达到一定商业标准的浅层岩石，均可看作是油页岩（Tissot et al.，1984）；Dyni 将其定义为一种细粒的沉积岩石，包含大量的有机质，可通过蒸馏产生大量的页岩油和页岩气（Dyni，2003）；Kok 将其定义为一种沉积源岩，含有有机质，含灰量大于33%，可通过低温干馏产生石油，但是用普通有机溶剂萃取则不会产生石油（Kok，2001）；中国学者刘招君和柳蓉将其定义为是一种高灰分的固体可燃有机矿产，低温干馏可获得页岩油，有机质含量较高，含油率大于3.5%，主要为腐泥质、腐殖质或混合型，其发热量一般大于或等于4.19 kJ/g（刘招君 等，2005）。由此可以看出，目前对油页岩的定义侧重于其工业用途，即通过低温干馏可产生商业价值的页岩油。油页岩的有机质分子结构较为复杂，包括可溶于有机质的沥青质与不可溶于有机质的干酪根，在原位转化后可以生成页岩油、裂解气、水和半焦等产物。油页岩的无机矿物成分包括黏土矿物、石英、长石和碳酸盐矿物等（徐金泽 等，2021）。

1.1.2 油页岩资源

世界油页岩资源量巨大，超过煤炭资源约40%，主要形成于湖泊和海洋沉积环境（高鹤 等，2020）。世界上已知最大的油页岩矿床位于美国的 Green River 组（Dyni，2003）。中国的油页岩资源也十分丰富，油页岩地质资源储量仅次于美国、巴西、俄罗斯而居全球第四位，约为7199亿吨，折合页岩油储量约为476亿吨，在全国22个省区均有分布（刘招君 等，2006）。浅层油页岩矿床主要分布在辽宁省抚顺市、吉林省桦甸市、广东省茂名市、山东省龙口市等地区（刘招君 等，2009），深层油页岩主要分布在鄂尔多斯盆地延长组7段、准噶尔盆地芦草沟组及松辽盆地嫩江组（赵文智 等，2018）。全国油页岩主要集中分布在东部地区和中部地区，东部地区油页岩资源量为3442.48亿吨，中部地区油页岩资源量为1609.64亿吨，青藏地区油页岩资源量为1203.20亿吨，西部地区油页岩资源量为749.94亿吨，南方地区油页岩资源量为194.61亿吨，分别占全国油页岩资源量的48%、22%、17%、10%和3%。全国油页岩主要集中分布在中生界和新生界，其中，中生界油页岩资源量为5597.92亿吨，新生界油页岩资源量为1052.31亿吨，分别占全国油页岩资源量的77.76%和14.62%，油页岩形成时代从西北至东南方向逐渐变新。我国油页岩含油率中等偏好，其中含油率大于5%且小于或等于10%的油页岩资源量为2664.35亿吨，含油率大于10%的油页岩资源量为1266.94亿吨，分别占全国油页岩资源量的37%和18%。我国油页岩埋藏深度较浅，埋深在0～500 m之间的油页岩资源量为4663.51亿吨，埋深在500～1000 m之间的油页岩资源量为2535.86亿吨，分别占全国油页岩资源量的64.78%和35.22%。我国油页岩主要分布在平原和黄土塬地区，分布在平原地区的油页岩资源量为3256.53亿吨，分布于黄土塬地区的油页岩资源量为1562.86亿吨，分别占全国油页岩资源量的45%和21%。油页岩资源巨大的盆地有松辽盆地、鄂尔多斯盆地、准噶尔盆地，它们占全国油页岩资源量的76.79%（刘招君 等，2006）。

1.1.3　油页岩资源利用技术发展

油页岩的应用有着很长的历史，可以追溯到史前时期（见图1-1），因为它可以不经任何处理而作为燃料直接燃烧。进入20世纪，油页岩行业规模迅速扩大，1916年美国Green River油页岩得到开采，同年也是爱沙尼亚油页岩工业化的开端，1926年中国的抚顺油页岩得到开采利用，目前爱沙尼亚通过油页岩生产出本国90%以上的电力（Metsaots et al.，2015）。油页岩的利用方式主要有燃烧或热解（Jiang et al.，2007），它可以通过直接燃烧产生热量，也可以通过干馏产生页岩油。干馏是现今为止实现油页岩规模化、商业化开发利用的主要技术（Zendehboudi et al.，2017）。早在20世纪中叶，瑞典就已经开始商业规模的油页岩干馏生产石油（Ljungstrom，1953），此后包括中国、爱沙尼亚和巴西等很多国家也实现了油页岩的商业化开发，并开发出多种油页岩的干馏炉类型，典型的有中国的抚顺式炉、爱沙尼亚的Kiviter和Galoter炉、巴西的Petrosix炉等（钱家麟 等，2006；Wang et al.，2011；Speight，2012）。

以上所述的干馏技术为地上干馏，要经过三个步骤：开采、干馏、改善油品质，如图1-1所示。采矿过程完成后，将油页岩压碎并装入蒸馏反应器，将蒸馏反应器内的温度升高至400～500 ℃使干酪根裂解释放出页岩油和页岩气，加热过程完成后，油将通过进一步处理进行品质改善，然后再送入炼油厂（Speight，2012；Zendehboudi et al.，2017）。从干馏过程可以看出，目前的油页岩利用方法存在诸多问题，挖掘开采占用了大量土地，也使地下水位降低；同时，油页岩地

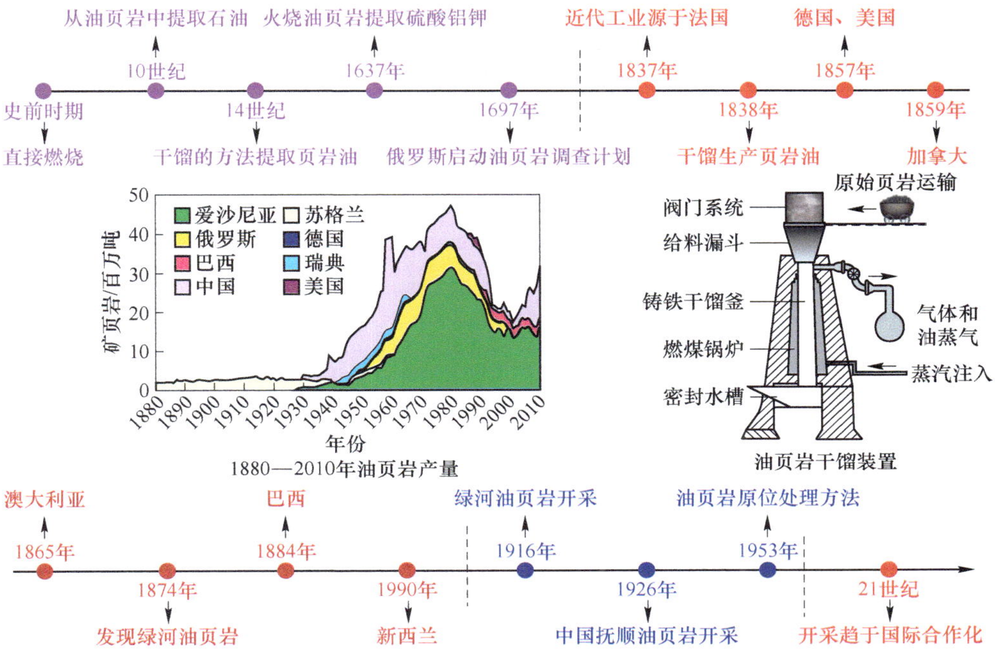

图 1-1 油页岩应用的发展历史

（数据来源于 Wikipedia）

面干馏产生的半焦（通常占有机物总质量的70%~90%）及含矿物质的固体碳质残渣和重金属；此外，油页岩干馏后残留物通常通过混合焚烧进行处理，这会产生 SO_2、NO、CO 等有害气体（Han et al.，2009，2014；Datangel et al.，2011；Speight，2012；Zendehboudi et al.，2017；Yang et al.，2018）。以上情况均会对环境造成严重破坏。然而，除了环境问题，还有一个更为关键的问题，当油页岩埋藏较深时，无法利用挖掘方式进行开采。因此亟待一种新技术来实现对油页岩更高效、更环保利用，并实现对埋深较大油页岩的利用。

地下原位干馏技术（原位转化技术）有望实现油页岩的更高效、更环保利用和中低成熟度页岩油的开发，如图 1-2 所示。油页岩原位转化技术是指埋藏于地下的油页岩不经开采，直接在地下进行加热干馏，生成的油和油气通过采油气井导出至地面（马中良 等，2016，2017，2019）。这项技术通过对地层进行加热，可使页岩或油页岩中的有机物（包括固态有机质和液态沥青等）快速转化为轻质油和天然气，并像常规采油一样将生成的石油开采出来，伴生的焦炭等残渣则被留在地下。

赵文智等人（2018）将油页岩原位转化技术拓展到了低成熟度页岩层系。研

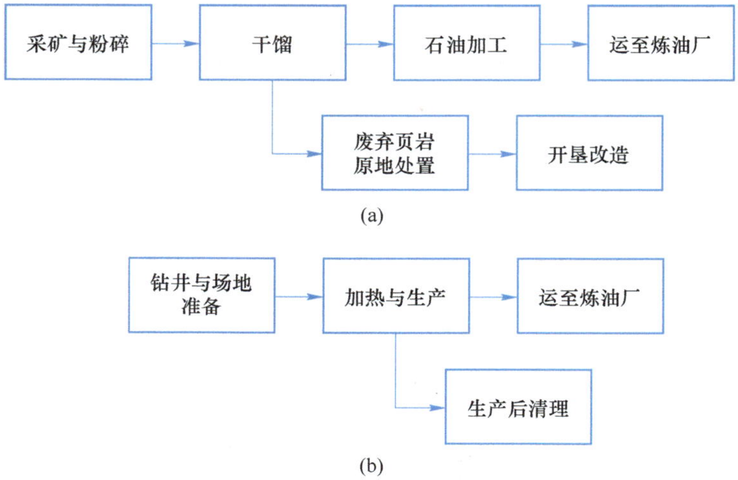

图 1-2　地上干馏和地下干馏流程图
（据 Zendehboudi et al.，2017，有修改）
（a）地上干馏；（b）地下干馏

究认为，地下原位转化的资源潜力主要决定于页岩层系中尚未转化有机质的生烃潜力和已生成尚未排出的滞留烃数量。显然低成熟度、高丰度页岩是原位转化的理想对象。陆相页岩Ⅰ型、II_1型有机质生烃模拟实验表明（见图 1-3），当 R_o 达到 0.5% 时，页岩中有机质的转化潜力约为原始生烃潜力的 90%；当 R_o 达到 1.0% 时，页岩中有机质的转化潜力约为原始生烃潜力的 40%；而当 R_o 为 1.0% 左右时，滞留烃量达到最大值，约占总生烃量的 25%。因此，页岩油原位转化潜力，除页岩中的有机质丰度外，R_o 也是影响转化潜力的关键因素。随着热演化程度增加，页岩中有机质逐步转化成烃类物质，滞留烃量呈先增后减的变化趋势，其中 R_o 在 0.5%~1.0% 的阶段滞留液态烃数量最大，尚未转化的有机质占比较大，因而是页岩原位转化的最佳成熟度窗口。窗口内滞留于页岩中的液态烃高达 25%，未转化有机质可达 40%~90%，如图 1-3 所示。

目前已有的调研、实验和现场先导试验均表明，地下原位加热是实现页岩油规模开发利用的最优选项。油页岩与低成熟度富有机质页岩地下原位转化可称之为“地下炼厂”，是利用水平井电加热轻质化技术，持续对埋深 300 ~ 3000 m 的富有机质页岩层段加热，使多类有机质发生轻质化转化的物理化学过程。其中重油、沥青等有机物会大规模向轻质油和天然气转化，并将焦炭和 CO_2 等留在地下，对环境保护是有利的。理论上，利用电加热器向地下页岩层注入热量，主要经历两个动态演变过程，实现生烃、增压、成储、保压与提高采收率的目标：（1）蓄热生烃增压过程。加热阶段初期，页岩段温度缓慢升高，地层压力随热

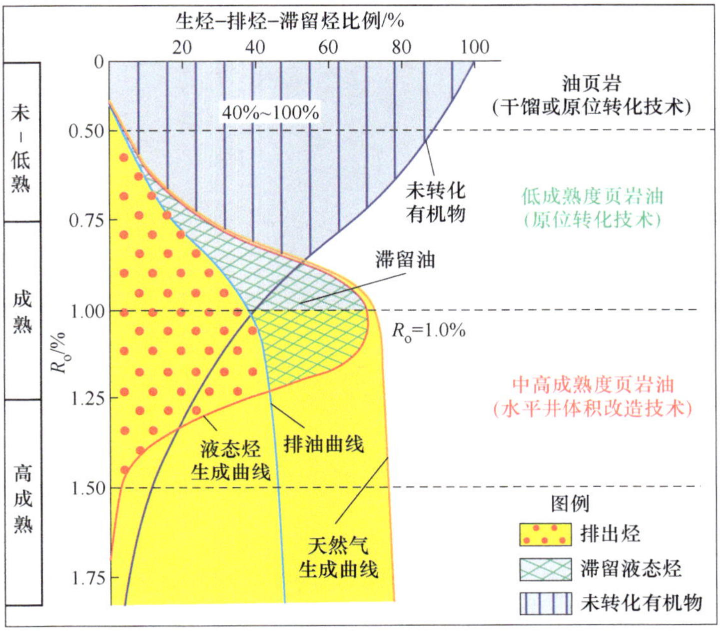

图 1-3 页岩生烃-排烃-滞留烃示意图

（据赵文智 等，2018，有修改）

膨胀而增加。当温度持续上升到一定水平（约 280 ℃）(Kibodeaux，2014）时，轻烃气和石油开始产生。温度进一步升高，气油比变大，页岩段内流体流动能力显著增加，油气流动生产能力已经具备。(2）成储保温保压提高流度过程。加热到后期温度达到峰值（约 330 ℃）(Kibodeaux，2014)，页岩段因热作用发生层理剥离，书页状层间微裂缝大规模形成，页岩段具备规模储集与输导油气能力(见图 1-4)，气油比进一步升高，生成的气体中含有大量的 C_3S 和 C_4S（一种很好的溶剂)，与高温裂解产生的天然气和轻质油相结合，使液态烃黏度降低、流动性增强，这样页岩段完全具备了规模储集油气、允许油气流动的能力，又因持续加热，保持相对恒温，油气不断生成和气油比增高的过程使地层可以保压，油气生产过程得以持续，直至生烃过程终止，整个页岩段原位加热转化过程可以达到很高的采收率。

原位转化技术有多方面的技术优势（Crawford et al.，2008；Speight，2012；Petkovic，2017)：(1）产出的油品质好（近似航空煤油)；(2）原位转化过程中产生的超压流体和微裂缝系统可增加渗流通道与驱动力，使油气最终的采收率超过 60%；(3）无尾渣废料，不对地下水造成污染，可最大限度减少开采过程中有害副产品对生态环境的破坏，从而实现清洁开采；(4）占地面积小。

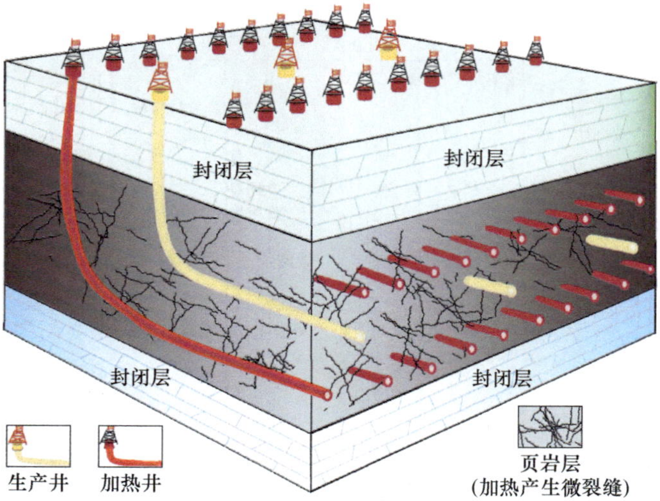

图 1-4 原位转化的立体模式
（据赵文智 等，2018）

1.2 原位转化技术概述

壳牌、埃克森美孚、道达尔等多家国际大石油公司非常重视油页岩资源开发利用，很早就致力于油页岩（R_o 小于 0.5%）原位转化技术研发和现场试验，目前以壳牌的原位转化技术最为成熟。从各石油公司原位转化技术内涵看，小井距水平井（水平井井距为 6 ~ 20 m）、井眼轨迹精确控制技术、加热管、自控温技术与加热方式等是原位转化技术的核心。统计全球 10 余家公司的原位加热方式，主要有热传导、对流 + 热传导、辐射 + 热传导 3 种，见表 1-1。

表 1-1 油页岩原位转化加热方式基本情况

加热方式	公 司	方 法
热传导	Shell	电加热棒加热
	EGL	蒸汽循环管线加热
	IEP	燃料电池棒加热
	美孚石油	电介质加热
对流 + 热传导	PetroProbe	热有机气体加热
	Mountain West	
	雪佛龙	热 CO_2 气体加热

续表 1-1

加热方式	公　司	方　法
辐射+热传导	雷神	电磁波
	LLNL	
	凤凰石油	微波加热

壳牌致力油页岩原位加热转化技术研发已有20余年的室内和现场试验历史，累计投入研发经费约30亿美元，在美国科罗拉多州、加拿大阿尔伯塔省，约旦等地进行了38个井组现场试验，技术成熟度超过90%，加热工艺与关键设备等技术难题基本得到了解决（杨兆中 等，2016；Hou et al.，2020；Yang et al.，2017；赵文智 等，2023）。

国内也非常关注油页岩及中低熟页岩油资源开发利用问题，原位转化技术研究也有以下新进展：

（1）电加热原位开采技术。2013年以来，中国石油勘探开发研究院与壳牌合作，对准噶尔盆地二叠系芦草沟组页岩和鄂尔多斯盆地延长组7段富有机质页岩开展基础研究，经过近5年攻关，在原有技术基础上，针对中国陆相中低熟富有机质页岩特点，提出利用地下“水平井电加热轻质化”高效转化技术，开发利用页岩油资源。该技术的优点是技术较成熟、采出率高，可达60%~70%，油品质量好，但也存在工艺复杂、周期长、国内技术尚在发展初期阶段且成熟度不够等缺点。

（2）高温气体热对流原位开采技术。2014年，众城公司利用该技术对吉林省扶余-长春岭青山口组页岩开展油页岩原位转化+化学干馏先导试验。该技术具有气体介质导热速度快、钻井数量较少、工艺相对简单等优点，但热能波及范围较小、需压裂、传热能力较差，安全性有待考证，且成本高。

（3）热化学反应原位开采技术。2015年，吉林大学与以色列合作，开展近临界水法（SCW）油页岩原位转化先导试验，产出了少量原油。该技术的优点是采用自加热模式，反应启动后仅需少量外部能源，并可通过注入C、H类化合物，促进干酪根转化，且工艺相对简单，较安全。其缺点是需井筒内加热，要求加热器功率大、稳定性高，成本高（孙友宏 等，2021；Guo et al.，2020）。

（4）油页岩原位注热开采技术，以太原理工大学为代表。首先在地面布置施工井群，钻井达至油页岩矿层段，对群井压裂，使注汽井与产油井连通。通过地面管网将温度高于500 ℃的过热锅炉蒸汽通过注汽井注入油页岩矿层中，使油页岩矿层有机质受热分解形成油气。然后通过低温蒸汽或冷凝水将油气采至地面，再经过换热器使油气水分离（赵阳升 等，2021；Kang et al.，2020）。

1.3 原位转化的战略意义

1.3.1 原位转化的战略地位与意义

沉积盆地演化与地质条件决定了中国是一个非常规油气资源比较丰富的国家，且勘探程度比较低，只要坚持技术创新和管理创新，非常规油气资源会在保持中国油气工业持续健康发展中担当重任。页岩层系中赋存着大量滞留液态烃和未转化有机物，是非常规石油资源开发利用的重大接替领域。如能实现页岩油地下原位转化的商业开发利用，将实现从“高点找油”经“下洼找油”到“进源找油”的重大进展（邱中建 等，2011；赵文智 等，2013；赵文智 等，2004），这会是找油人的“圆梦之旅”，石油工业由此实现的理论技术创新，将会推动中国油气供应安全发生重大改观。

赋存于页岩层中的液体石油，因页岩本身的孔渗性极差（孔隙度小于3%，渗透率小于$1\times10^{-9}\ \mu m^2$）而难以流动，可动油饱和度极低，常规技术难以商业开发利用。地下原位转化技术可以使页岩中的滞留液态烃进一步热裂解形成轻质油和天然气，也可以使尚未转化的有机物发生人造热降解生成油气的过程。因此，原位电加热转化技术是页岩油规模效益开发利用的“撒手锏”技术。

基于实验室数据和已有地质资料，认为中国陆相页岩油资源相当丰富，技术可采石油资源量为$7\times10^{10}\sim9\times10^{10}$ t，是中国常规石油技术可采资源总量的3～4倍，主要分布在鄂尔多斯、松辽和准噶尔3大坳陷型沉积盆地内，也是中国油气生产的主要油气区。按照现有页岩油气产率数据，结合数值模拟结果，预测在油价为377～409美元/m^3（60～65美元/bbl）条件下，中国页岩油经济可采资源量为$2.0\times10^{10}\sim2.5\times10^{10}$ t，与中国常规石油技术可采资源总量相当；天然气技术可采资源量为$6.0\times10^{13}\sim6.5\times10^{13}$ m^3，是中国常规天然气资源总量的3倍（邱中建和邓松涛，2012）。其中，鄂尔多斯、松辽和准噶尔3大盆地页岩油技术可采资源量为$5.7\times10^{10}\sim6.8\times10^{10}$ t（见表1-2），占陆上页岩油技术可采资源总量的80%以上。

表1-2　鄂尔多斯、松辽、准噶尔盆地页岩的主要地质参数

盆地	层位	孔隙度/%	镜质体反射率R_o/%	总有机碳（TOC）含量/%	含油饱和度/%	地层压力系数	气油比/$m^3\cdot m^{-3}$	原油密度/$g\cdot cm^{-3}$	厚度/m	石油技术可采资源量/t	天然气技术可采资源量/m^3
鄂尔多斯	延长组7段	3～7	0.60～1.00	5～38	80～90	0.70～1.05	5～30	0.85	22	$4.0\times10^{10}\sim4.5\times10^{10}$	$3.0\times10^{13}\sim3.5\times10^{13}$

续表 1-2

盆地	层位	孔隙度/%	镜质体反射率 R_o/%	总有机碳（TOC）含量/%	含油饱和度/%	地层压力系数	气油比/$m^3 \cdot m^{-3}$	原油密度/$g \cdot cm^{-3}$	厚度/m	石油技术可采资源量/t	天然气技术可采资源量/m^3
松辽	嫩江组1段	3~8	0.40~0.85	2~12	40~90	1.10~1.80	8~40	0.90	15	1.2×10^{10}~1.5×10^{10}	9×10^{12}~1.0×10^{13}
准噶尔	芦草沟组	5~8	0.70~0.95	2~16	80~95	1.20~1.58	1~30	0.92	120	5×10^{9}~8×10^{9}	4×10^{12}~5×10^{12}

页岩油可能是石油工业下一个“革命者”，如能率先在中国实现页岩油商业开发的突破，不论对提高中国原油自给保障能力，还是引领世界石油工业未来发展都具有重要意义。

（1）油页岩和低熟页岩地下原位转化技术突破，将有效解放潜力巨大的页岩油资源的开发利用，保障国内原油长期稳产甚至上产。经过一段时间技术攻关和先导试验准备，如技术与经济性有突破，中国油页岩和低熟页岩原位转化原油产量可望达到年产油 2×10^{8} t 以上，稳产期可超过 50 年。到那时，中国原油对外依存度可以从目前的 65%~70% 降至 50% 以下，安全性会大大改观。

（2）油页岩和低熟页岩原位转化突破的科技含量高，有助于解决低品位石油储量难以大规模动用的难题。油页岩和低熟页岩是石油资源开发利用最具挑战性的类型，攻克瓶颈技术，可以为特低渗乃至致密储集层石油、高黏度石油规模开发提供可借鉴的技术手段。目前，油页岩和低熟页岩地下原位转化已经引起国际同行的广泛关注，如中国能实现油页岩和低熟页岩的原位转化并在规模开发利用方面先行一步，将在改变全球油气供应格局中扮演重要角色（赵文智 等，2018）。

1.3.2 鄂尔多斯盆地延长组 7 段页岩原位转化的现实性

按照页岩油原位转化选区条件，鄂尔多斯盆地延长组 7 段页岩可满足以下原位转化选区标准（赵文智 等，2018）：

（1）富有机质页岩连续厚度大。据研究延长组 7 段页岩段有机质丰度大于 6% 的平均厚度为 16 m，最大厚度为 60 m，页岩分布面积约为 3×10^{4} km^2；其中厚度大于 20 m 的面积占 50%，约为 1.8×10^{4} km^2，且分布连续稳定。

（2）有机质丰度高、类型好。延长组 7 段页岩 TOC 含量为 5%~38%，平均值为 13.8%；有机质类型以Ⅰ、$Ⅱ_1$ 型干酪根为主；氢指数较高，最高可达 750 mg/g。统计表明，延长组 7 段页岩氢指数平面上大致分为 3 个区域，在成熟度相近条件下（R_o 为 0.8% 左右），西北部地区延长组 7 段页岩发育区氢指数最高，平均值为 550 mg/g；中部地区氢指数较低，平均值为 350 mg/g；东南部地区氢指数居中，平均值为 450 mg/g。

（3）页岩层中滞留烃含量大。延长组 7 段页岩的含油量是页岩原位转化潜力的关键参数之一，通过密闭取芯可以获得准确参数。以近期完成的密闭取芯井乐 85 井为例，延长组 7 段页岩 R_o 为 0.8%，现场测定具有较高含量的游离气量，最高为 1.7 m^3/t，平均值为 1.0 m^3/t；页岩含油量为 8.80～26.77 mg/g，平均值为 18.70 mg/g，其中 C_{16-} 轻质组分含量平均为 5.54 mg/g，占总含油量的 31.4%，如图 1-5 所示。

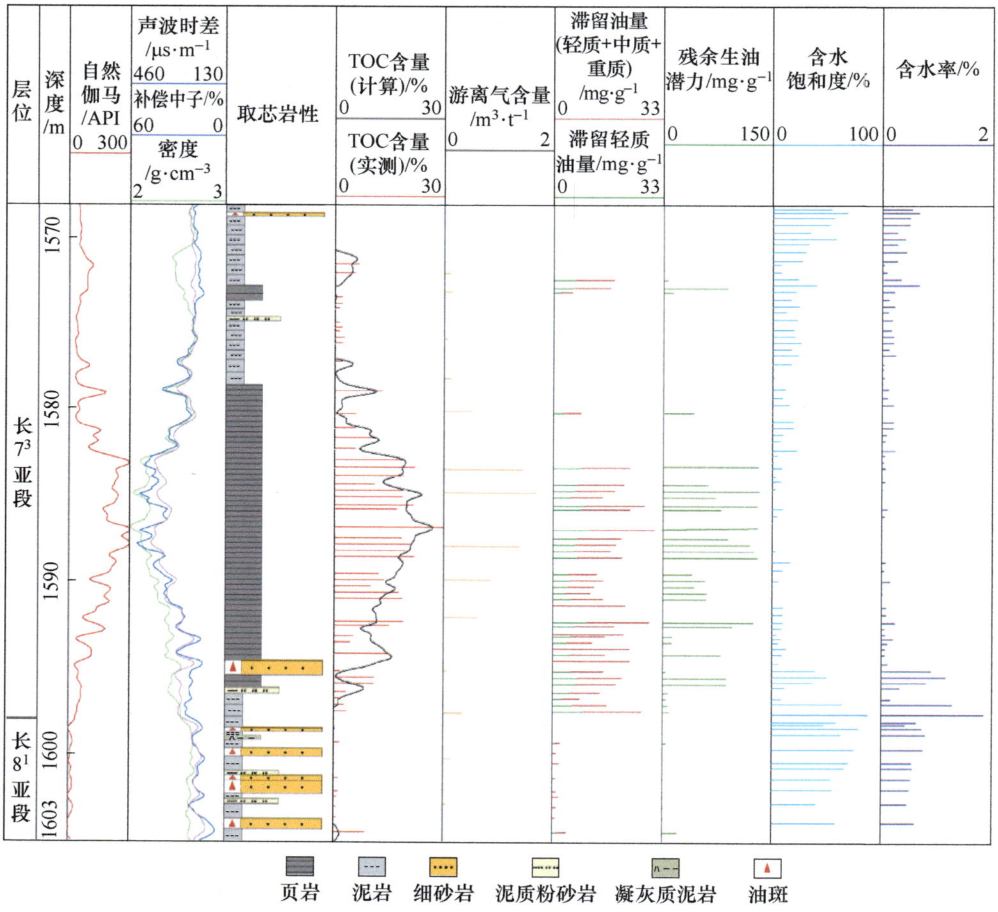

图 1-5　鄂尔多斯盆地乐 85 井延长组 7 段页岩综合柱状图
（据赵文智 等，2018）

（4）页岩残余生烃潜力大。TOC 含量大于 6% 的页岩残余生烃潜力为 27.53 ~ 132.23 mg/g，平均值为 63.88 mg/g，如图 1-5 所示。

（5）延长组 7 段页岩含水饱和度和含水率低、不存在活动水。首先，从针对延长组 7 段页岩段的 7 口井压裂试油结果看，均不产水；其次，从页岩层系密闭取芯样品分析结果看，页岩含水饱和度普遍小于 10%、含水率小于 0.3%，如图 1-5 所示。这一特点有助于原位转化加热过程中减少能量耗散，提高热能利用率。

（6）页岩成熟度分布适中。盆地延长组 7 段页岩有机质成熟度分布范围较大，R_o 为 0.5%~1.3%。但从有机质成熟度平面分布看，小于 1.0% 的区域面积较大，约占页岩总分布面积的 90%（见图 1-6），原位转化潜力大。

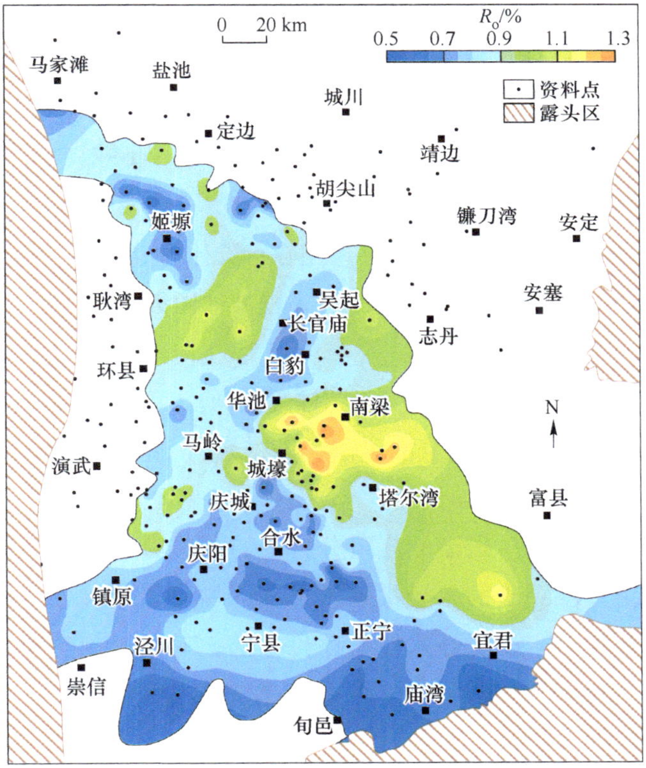

图 1-6 鄂尔多斯盆地延长组 7 段页岩 R_o 值分布图

（据赵文智 等，2018）

2 延长组7段典型页岩半开放体系生-排-滞油气机理

之前很少有研究将延长组7段页岩作为原位转化有力的“候选者”来讨论其热解生烃过程，为数不多的热解工作也都是基于封闭体系或开放体系热模拟实验（Han et al.，2014；Liu et al.，2018；王强 等，2018；Xu et al.，2019）。在原位转化条件下，页岩的埋深通常大于300 m，压力不可能是常压，而且页岩在热解生烃的过程中伴随着排烃作用，处于半开放和半封闭系统之间的状态下。开放体系不能施加压力，封闭体系不能实现排烃过程，均不适合研究延长组7段页岩在原位转化条件下的生烃-排烃-滞留烃机理（简称生-排-滞机理）。为了综合分析延长组7段典型页岩在地下热演化过程中产油、产气及排油、排气过程，半开放-半封闭热解体系最为合适。因此，采用自行设计的半开放-半封闭热解体系对延长组7段页岩进行热模拟实验研究，技术框架如图2-1所示，具体包括以下三个方面。

（1）利用基于温度的半开放-半封闭体系对延长组7段页岩进行热模拟实验，对热解产物（排出油、排出气、滞留油）的产量特征（包括累积产量和分阶段产量）及组成特征进行了详细分析。

（2）结合滞留油和排出油的族组分特征，并借鉴前人对烃类产物的分类方法，对延长组7段页岩的生烃机理做了深入探讨。借鉴常规烃源岩排烃的评价方法及非常规页岩油可开采性的评价方法，对延长组7段页岩在热解过程中的排烃机理做了详细分析，并提出基于热模拟实验的可开采性评价指数。

（3）对未热解的原岩和干酪根及热解后的残渣及干酪根进行综合分析，包括：元素分析、Rock-Eval分析、傅里叶红外光谱（FT-IR）分析和固体^{13}C核磁共振（^{13}C NMR）分析等，将分析结果与烃类产物的生成量和组成特征相结合，揭示了延长组7段页岩干酪根的原始结构及其在热演化过程中的结构变化特征。

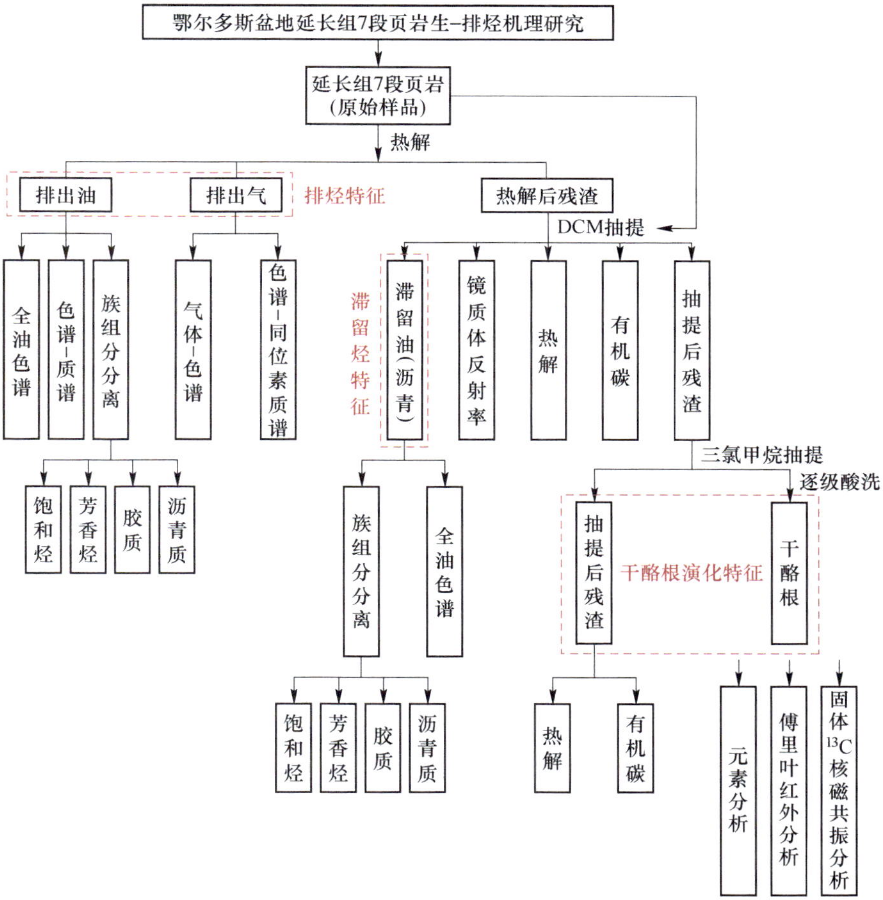

图 2-1 延长组 7 段典型页岩半开放–半封闭体系热解生烃模拟技术框架

2.1 实验样品特征与实验方法

2.1.1 实验样品与样品处理

实验样品采用延长组 7 段典型富有机质页岩，样品取自陕西省铜川市何家坊（HJF）地区的一个矿坑里，属于鄂尔多斯盆地渭北隆起区，如图 2-2 所示。

在制备热模拟样品前，先将样品制成光薄片以测量其镜质体反射率 R_o，测得的 R_o 为 0.53%，说明样品的热成熟度较低。为了保证每组实验的平行性和可重复性，将采集的样品全部磨碎至颗粒粒径为 0.85 mm（20 目）左右并混合均匀，详细的混合方法见 Le Doan 等人（2013）。

为了验证样品的均一性，从磨碎并混合均匀的样品中随机取出 20 份（每份

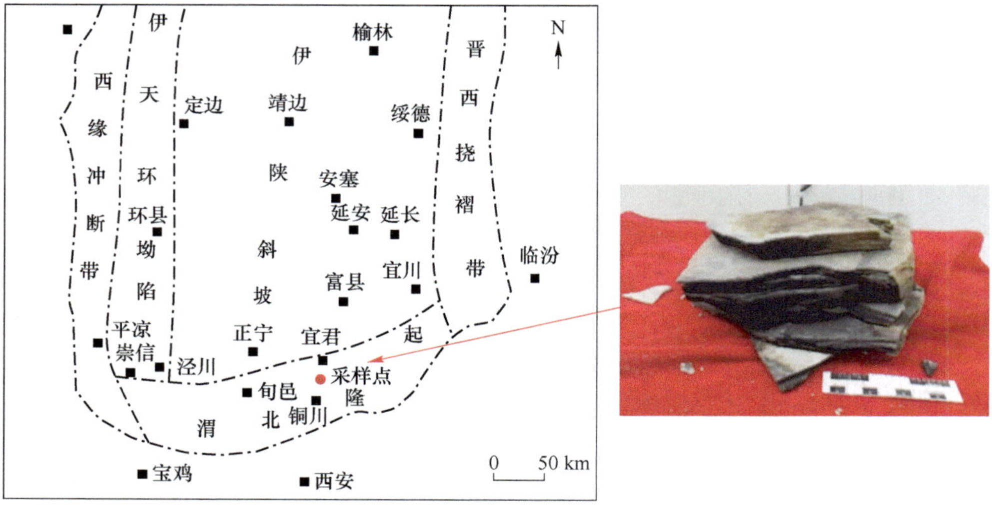

(a)　　　　(b)

图 2-2　实验样品采样点位置（a）及原始样品特征（b）

质量为 1 ~2 g）做 TOC 和 Rock-Eval 分析，以测量游离烃（S_1 峰）、热解烃（S_2 峰）和 S_2 峰值对应的温度 T_{max}，氢指数 HI 通过 $100 \times S_2/TOC$ 计算。实验结果见表 2-1。

表 2-1　随机抽取 20 份样品的地球化学参数

样品编号及参数	总有机碳（TOC）含量/%	游离烃 S_1/mg · g^{-1}	热解烃 S_2/mg · g^{-1}	最高热解峰温 T_{max}/℃	氢指数 HI/mg · g^{-1}	可热解有机碳 PC/%
1	26. 5	9. 0	126. 7	433. 0	478. 1	11. 3
2	27. 2	9. 3	127. 5	433. 0	468. 9	11. 4
3	27. 0	10. 0	127. 7	434. 0	473. 3	11. 4
4	26. 3	9. 0	124. 8	434. 0	474. 3	11. 1
5	26. 5	9. 7	126. 8	434. 0	478. 4	11. 3
6	27. 2	10. 4	126. 2	434. 0	464. 0	11. 3
7	27. 1	9. 0	127. 6	434. 0	470. 5	11. 3
8	27. 5	10. 9	126. 9	434. 0	461. 0	11. 4
9	26. 6	9. 9	128. 5	434. 0	483. 5	11. 5
10	26. 5	10. 6	128. 6	433. 0	485. 7	11. 6
11	26. 7	9. 6	123. 7	435. 0	463. 7	11. 1
12	27. 5	9. 5	126. 1	434. 0	458. 9	11. 3
13	26. 4	11. 0	129. 4	433. 0	490. 0	11. 7
14	26. 5	9. 9	130. 8	434. 0	493. 7	11. 7
15	27. 1	10. 7	128. 1	433. 0	472. 9	11. 5
16	26. 8	10. 4	128. 0	432. 0	478. 0	11. 5

续表 2-1

样品编号及参数	总有机碳（TOC）含量/%	游离烃 S_1/mg · g^{-1}	热解烃 S_2/mg · g^{-1}	最高热解峰温 T_{max}/℃	氢指数 HI/mg · g^{-1}	可热解有机碳 PC/%
17	27.0	10.2	128.6	434.0	477.0	11.5
18	27.0	9.9	125.1	434.0	462.6	11.2
19	26.1	10.9	129.9	433.0	498.0	11.7
20	26.3	11.6	129.3	434.0	492.3	11.7
平均值	26.8	10.1	127.5	433.7	476.2	11.4
标准偏差	0.4	0.7	1.8	0.7	11.5	0.2

从表 2-1 可以看出，随机抽取的样品所测得 TOC 含量、S_1、S_2 参数的标准偏差均小于 2%，说明样品是均一的，不同组平行实验是可对比的。此外，表 2-1 显示样品的 TOC 含量较高（平均 TOC 含量为 26.8%），T_{max}-HI 图显示页岩以Ⅱ型有机质为主，如图 2-3 所示。由于样品具有 TOC 含量较高且成熟度较低的特点，不仅可以模拟页岩从低热成熟度到高热成熟度的整个热演化过程，也可以生成较多的油气以便较为精确地表征。原始未热解样品的总体地球化学特征见表 2-2。

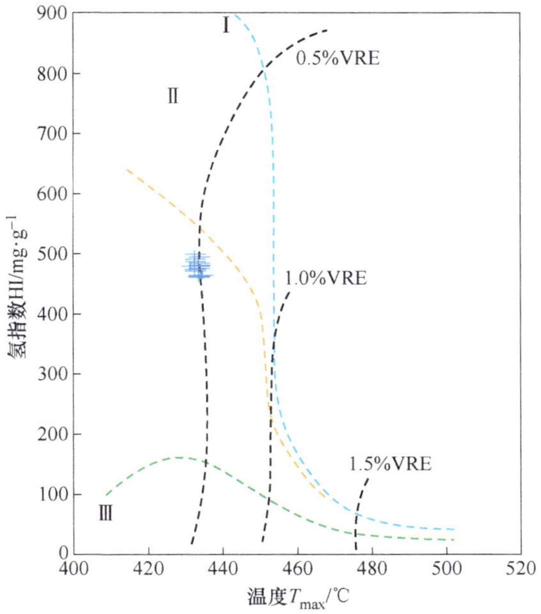

图 2-3 原始未热解样品的 T_{max}-HI 图

（VRE 为等效镜质体反射率）

表 2-2　热模拟实验样品的基础地球化学信息

原　　样	数值	干酪根	数值
TOC 含量/%①	26.8	C 含量/%	53
		H 含量/%	6
S_1/mg·g^{-1}①	10.1	O 含量/%	6
S_2/mg·g^{-1}①	127.5	N 含量/%	2
		S 含量/%	15
T_{max}/℃①	434	H/C 原子比	1.36
R_o/%	0.53	O/C 原子比	0.08
		干酪根类型	Ⅱ型

① Rock-Eval（岩石热解）和 TOC 含量数据为表 2-1 中的平均值。

选择露头样品是因为露头样品量大，可以满足大热解釜及多组平行实验的用量。需要说明的是，2019 年 6 月，中国石油天然气集团有限公司刚刚钻探了具有与本研究所用样品具有相似的地质和地球化学特征的岩芯。由于岩芯埋于地下，其热成熟度比露头的样品稍高，其镜质体反射率 R_o 为 0.62%。此外，其 TOC 含量为 25.84%，Rock-Eval 参数 S_1 为 10.9 mg/g、S_2 为 115.9 mg/g、T_{max}为 438 ℃，与实验所用的露头样品较为接近。岩芯样品和露头样品的地球化学特征的一致性，说明本研究所采用的样品与真实地层具有可对比性。

2.1.2　实验方法

2.1.2.1　热模拟实验

A　实验装置与流程

热模拟实验装置由热解装置和产物收集装置组成（见图 2-4），两者通过内径为 1 mm 的不锈钢排油管道连接，其间的连通性由阀门 2 控制。当阀门 2 关闭时，热解装置处于封闭状态；当阀门 2 开启时，热解产物可通过排油管道排出至收集装置。实验过程中，排油管道用 300 ℃电加热带包裹，防止液态产物排出热解装置时温度突降冷凝而堵塞管道。热解装置的主要部件是长度为 140 mm、内径为 31 mm 的不锈钢圆柱形高压釜，高压釜可以承受 800 ℃的高温和 50 MPa 的压力，最多可以装 120 g 样品，釜体两端可用石墨环密封。产物收集装置包括集油管和集气瓶，实验过程中，集油管被放在装有冰水的保温杯里，以尽可能多地保留轻质组分。热解过程中的温度通过图 2-4 中的热电偶监测，保证加热过程中的温度波动小于 ±0.5 ℃。

实验流程如下：将混合均匀的样品装入不锈钢高压釜中，用石墨环将釜体两端密封，然后将其固定在底座上，在底部用千斤顶加压 20 MPa，这个压力与延长组 7 段的实际地层压力接近（杨孝 等，2017；万旸璐，2015）。每次升温前均

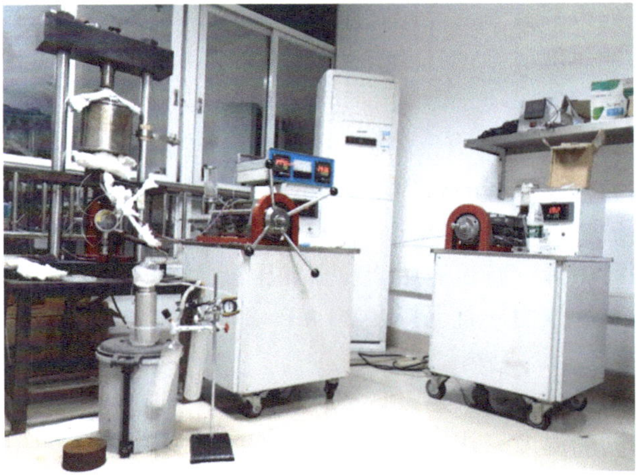

(a)

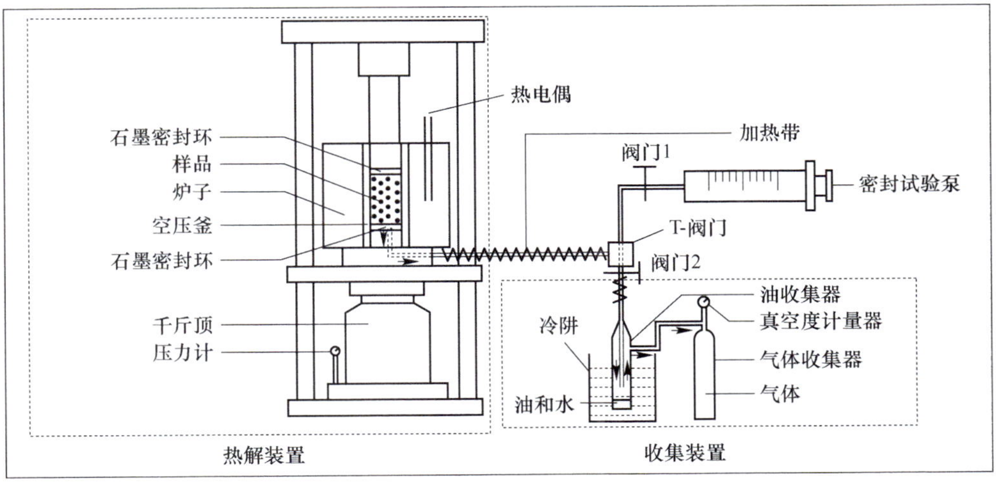

(b)

图 2-4 热模拟装置（a）及示意图（b）

进行试压以检验热解装置的密闭性。具体流程如下：打开阀门 1，关闭阀门 2，将电动计量泵的压力调到 20 MPa（与千斤顶压力一致）；当试压时间大于 20 min，且热解装置任何接口都不漏水时，则可以认为整个热解装置密闭性良好。试压结束后，关闭连接电动计量泵的阀门 1。

在加热过程中，热解装置和产物收集装置之间的阀门 2 始终是关闭的，只有当热解温度达到设定温度点进行产物收集时，阀门 2 才被打开并保持开启状态 2 min，使产生的液体和气体沿着不锈钢管道从高压釜中排出，液态产物油和水在集油管中聚集，气态产物则进一步在集气瓶中聚集。在收集产物之前，对收集装置进行抽真空处理，其气密性通过真空表检测。在整个实验过程中，通过千斤顶旁的压力表监测热解体系的压力，一旦降至 20 MPa 以下，便迅速用千斤顶加压使压力恢复至 20 MPa。然而，在加热过程中涉及收集产物的过程，随着阀门 2 的打开及油气从高压釜中排出，热解装置的压力会降低并小于 20 MPa，压力小于设定值的过程会持续 2 min（产物收集的时间）。当收集完产物时，阀门 2 重新关闭，压力值迅速被恢复到 20 MPa，在之后的实验过程中也一直密切关注压力表，只要压力稍有下降，就迅速用千斤顶加压恢复到设定值。因此除了收集产物的过程，热解体系的压力一直保持在 20 MPa。

B　升温程序

以往的热模拟实验一般采用以下三种热解程序：第一种是等温热解，不同组实验的样品在相同的温度下热解，通过设置不同的恒温时间以使样品达到不同的成熟度（Hill et al.，2003；Behar et al.，2008，2010）；第二种是非等温热解，使样品在恒定速率下升温以达到设定的温度（Pan et al.，2006；Tian et al.，2012；Jia et al.，2014），这种热解程序一般会设置两个或两个以上的升温速率；第三种也是非等温热解，但是升温程序是阶梯式升温，使样品先在恒定的升温速率下升温，达到设定的温度点时再恒温一段时间（Eseme et al.，2007；Klomp et al.，1990）。一般来说，多个加热速率的非等温热解通常用来计算烃生成动力学，而本研究侧重于研究产物的产量和组成特征，因此采用了阶梯式升温程序。使用升温来增加样品的热成熟度，利用等温间隔来避免高压釜边缘和中心的样品出现不同的热成熟度。

一共有 8 组平行实验（HJF-1 到 HJF-8）采用阶梯式升温程序，如图 2-5 所示。首先是预热阶段，打开阀门 2，用 8 h 将样品从室温升高到 200 ℃，并恒温 2 h，排出检查气密性时通过电动计量泵注入的水；然后是程序升温阶段，升温速率是 20 ℃/h，恒温时间是 2 h。理论上，预热时间越短越好，因为根据时间-温度补偿理论，即使在相对较低的温度下，长时间加热也会导致干酪根分解，干酪根在地质条件下经历低温与漫长时间的地质作用过程中，可以实现生烃（Vandenbroucke，2003）。但是，预热升温速率也不能太快，升温速率过快导致高压釜过热及样品内部和外部受热不均匀。实验期间，广州地化所实验室的室温约为 30 ℃，在 8 h 内将样品从室温加热到 200 ℃，则加热速率为大概为 21.25 ℃/h，接近程序升温的速率。

预热阶段之后关闭阀门 2，连接收集装置，开始程序升温。在 HJF-1 到 HJF-7 这 7 组平行实验中，最终热解温度（同时也是采样温度点）分别为 300 ℃、320 ℃、340 ℃、360 ℃、380 ℃、400 ℃、420 ℃。在升温过程中，除非达到最终设定温度，否则热解温度每次达到以上温度点并恒温 2 h 后便打开阀门 2，使它保持开启 2 min，使热解产物排出热解釜，聚集在收集装置中。以 HJF-1 为例，

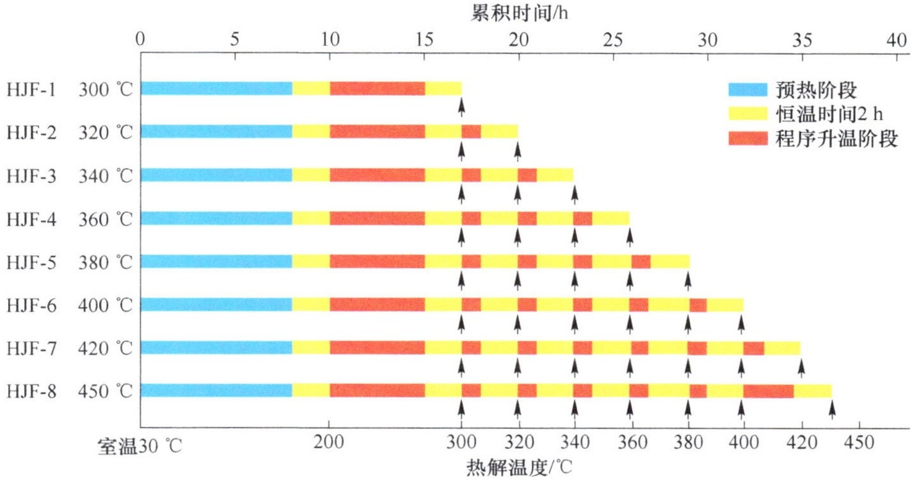

图 2-5 热模拟实验升温程序示意图

（预热阶段，将样品用 8 h 从室温升高到 200 ℃；程序升温阶段，将样品以 20 ℃/h 的速率升温；箭头：图 2-4 中的阀门 2 保持开启 2 min 以使产物从热解釜中流出聚集在收集装置中）

首先用 8 h 将样品从室温升至 200 ℃并恒温 2 h（保持阀门 2 开启），然后关闭阀门 2，将样品从 200 ℃以 20 ℃/h 的升温速率升到 300 ℃并恒温 2 h，之后打开阀门 2 收集产物，第一组实验结束。再以 HJF-2 为例，同样在阀门 2 开启的状态下用 8 h 将样品从室温升至 200 ℃并恒温 2 h，然后关闭阀门 2，使样品在封闭条件下从 200 ℃以 20 ℃/h 的速率程序升温至 300 ℃并恒温 2 h，之后打开阀门 2 收集产物，2 min 后关闭阀门 2（实际上在开阀的过程中，已经进入下一段的升温过程），当温度继续升高到 320 ℃并恒温 2 h 后，再次打开阀门 2 收集 300～320 ℃的产物，第二组实验结束。按照以上步骤，依次类推，在样品程序升温时每隔 20 ℃开一次阀门，直到热解温度达到 420 ℃，第七组实验结束。HJF-8 这组实验是例外，400 ℃之前，热解过程与 HJF-7 一致，只是在最后阶段，热解温度直接从 400 ℃升到 450 ℃，样品并没有经历 420 ℃这个采样点，这样设置的目的是研究烃类气体的二次裂解特征。

本研究通过热解装置和产物收集装置之间阀门周期性地开启和闭合，实现了在不停止加热的前提下，同时模拟产物的生成和排放过程。此外，本研究特意设计了 8 组平行实验，这样不仅可以表征样品在达到某个热成熟度前的累积产物的特征，也可以表征样品在特定热成熟度区间的净增产物特征，还可以收集到不同热成熟度的热解残渣，详细表征热解残渣的结构特征。

典型的半开放-半封闭热模拟体系是由 Burnham 和 Singleton 于 1983 年设计的（Burnham et al.，1983），该热解体系由反压调节阀控制产物的排放，利用热解产物将反应器维持在持续升高的压力下，直到压力增大到设定值足以使产物排出反应装置（因此也称为自吹扫装置，self-purging reactor），该装置更适合研究压力对产物产量和组成的影响。与以上热模拟体系不同的是，在本研究中，反应釜内的压力一直控制在 20 MPa，采样点是根据等温间隔设计的，因此我们定义本研究所用的热模拟装置为基于温度的半开放-半封闭热模拟体系（Ma et al.，2020a，2020b，2020c）。

2.1.2.2　热模拟产物表征方法

热模拟获得的产物与以往的研究一样，包括气态产物、液态产物和固体残渣。气态产物为排出的气体，包括烃类气体和非烃气体；液态产物包括液态烃和水，液态烃又分为排出烃（expelled oil）及滞留在残渣中未排出但是可溶于有机溶剂的滞留烃；固体残渣为热解后并用有机溶剂抽提后的固体颗粒。需要提前说明的是，450 ℃这个热解温度点与前 7 个热解温度点不具有连贯性。这组实验是为了证明烃类气体在高温下的二次裂解，因此设计实验时仅对其进行了油、气产物的定量表征工作。在以后的族组分分析、固体残渣表征阶段，不涉及 450 ℃这个温度点。

A　油的定量与族组分分离方法

排出的液体（油和水）被收集在集油管中，实验结束后取下集油管，尽快将其中液体倒入装有二氯甲烷的烧杯中，并用二氯甲烷重复冲洗集油管，目的是尽可能地保留轻质组分，并将集油管中的烃类产物全部收集。将烧杯中的液体用滤膜过滤，除去随产物一起排出的少量固体碎屑，然后用滴定管进行油水分离，除去产物中的水。之后，将溶在二氯甲烷中的排出油转移到 40 mL 玻璃瓶中，转移过程中称取油和二氯甲烷的总质量 M。在进行排出油的定量时，将其分为轻质组分 $C_6 \sim C_{14}$ 及重质组分 C_{15+} 分别定量。$C_6 \sim C_{14}$ 的定量使用内标法：事先配制一定浓度 β（mg/mL）的 $C_{24}D_{50}$ 作为标准样品，然后取质量为 m_a 的溶液（油 + 二氯甲烷）于 2 mL 玻璃瓶中，并在其中加入 1 mL 二氯甲烷，之后再加入 50 μL 标样 $C_{24}D_{50}$，最后将配制好的溶液用色谱仪（型号为 Agilent 7890B GC）测量油和标样的响应值。计算 $C_6 \sim C_{14}$ 色谱峰面积 A_1 和 $C_{24}D_{50}$ 峰面积 A_2 的比值，便可得出排出油中轻烃的质量：

$$m_{\text{排出油}}(C_6 \sim C_{14}) = 50\beta \times 10^{-3} \times \frac{MA_1}{m_a A_2} \tag{2-1}$$

油的 C_{15+} 组分通过称重法得出，将 2 mL 玻璃瓶中的二氯甲烷挥发干称重得到 m_b，通过 M、m_a、m_b 三者之间的关系可以计算重质组分的质量：

$$m_{\text{排出油}}(C_{15+}) = \frac{Mm_b}{m_a} \tag{2-2}$$

轻质组分加上重质组分即为总排出油量：

$$m_{排出油}(C_{6+}) = m_{排出油}(C_6 \sim C_{14}) + m_{排出油}(C_{15+}) \tag{2-3}$$

热解实验结束后，待釜体冷却至室温，取出残渣。将其放在装有二氯甲烷（DCM）的溶液中捣碎并超声振荡，将残留油溶解出来，之后的操作流程与排出油一致。总残留油量也包括轻烃 $C_6 \sim C_{14}$组分和重烃 C_{15+}组分：

$$m_{滞留油}(C_{6+}) = m_{滞留油}(C_6 \sim C_{14}) + m_{滞留油}(C_{15+}) \tag{2-4}$$

液态产物定量完后，且待 40 mL 玻璃瓶中的二氯甲烷挥发干净后，玻璃瓶中只剩下 C_{15+}重质组分；取 20 ~ 40 mg 样品，用 DCM 和正己烷溶解，静置 24 h，过滤出沉淀下来的 C_{15+}沥青质，然后将过滤后的样品加入填充了硅胶（0.150 ~ 0.178 mm）和氧化铝（0.074 ~ 0.150 mm）的层析柱，再依次用正己烷、DCM-正己烷混合溶液（体积比为 2 : 3）和甲醇（CH_3OH）分离出 C_{15+}饱和烃、C_{15+}芳香烃和 C_{15+}胶质组分，各组分分离后，再分别用旋转蒸发仪浓缩、干燥，最后称重定量。

需要说明的是，在液态产物的收集和定量过程中，轻烃的损失是不可避免的，因此轻烃的绝对产量可能偏低；但是，不同组实验的产物收集和定量的流程是一致的，轻烃产量随热解温度的变化特征仍然可以用来说明产物的变化规律。

B 气体的定量方法

产生的气体包括：烃类气体，甲烷（CH_4）、乙烷（C_2H_6）、乙烯（C_2H_4）、丙烷（C_3H_8）、丙烯（C_3H_6）、异丁烷（i-C_4H_{10}）、正丁烷（n-C_4H_{10}）、异戊烷（i-C_5H_{12}）、正戊烷（n-C_5H_{12}）；非烃气体，氢气（H_2）、二氧化碳（CO_2）和硫化氢（H_2S）。为方便描述，以下将乙烷和乙烯之和称为 C_2，将丙烷和丙烯之和称为 C_3，将异丁烷和正丁烷之和称为 C_4，将异戊烷和正戊烷之和称为 C_5。

实验结束后，将集气瓶取下进行气体组分定量，组分定量在 Agilent 7980N GC 上进行，分析方法和 Pan 等人(2006)的相似，但稍有不同，因为 Pan 等人(2006)的气体被密封在金管里，而本研究的气体被收集在玻璃瓶里。气体定量的具体操作如下：将装有气体的玻璃瓶连接到 Agilent 7890N GC 装置上(见图 2-6)，最开始的时候，保持阀门 1 和 2 开启，阀门 3 关闭，将整个装置抽真空。然后关闭阀门 2，打开阀门 1，使集气瓶中的气体产物进入阀门 1 和 3 的空间里。之后关闭阀门 2 并打开阀门 1，气体便进入色谱仪中。

气体的定量用外标法，实验前将集气瓶抽真空，并将体积已知、摩尔分数已知的标准气体（$x_{CH_4} = 5\%$，$x_{CO_2} = 5\%$，$x_{C_2H_6} = 2\%$，$x_{C_3H_8} = 1\%$，$x_{N_2} = 87\%$）打入集气瓶中，然后用气相色谱测量标准气体的响应值。根据热模拟气体与标准气体色谱响应值之间的关系，可以计算气体产物的体积。

2.1.2.3 固体残渣表征实验

固体残渣表征实验主要包括热解后残渣的镜质体反射率分析、Rock-Eval 分

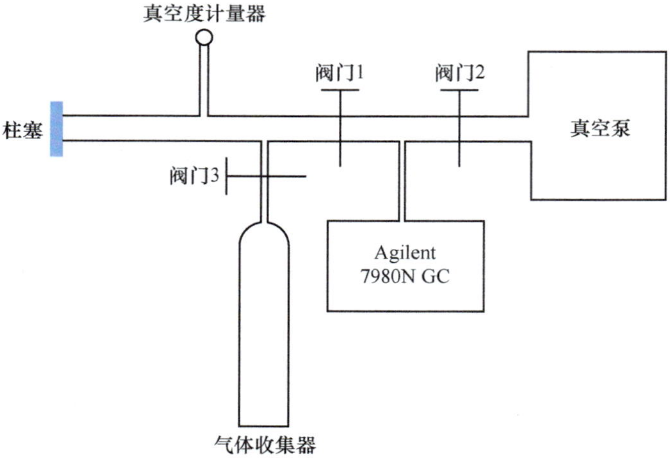

图 2-6　气体产物分析装置示意图

析、TOC 分析及干酪根的元素分析、傅里叶红外光谱（FT-IR）分析、固体^{13}C 核磁共振（^{13}C NMR）分析。

A　基础地球化学参数

取适量 DCM 抽提后的残渣进行镜质体反射率分析、TOC 分析、Rock-Eval 分析。镜质体反射率的鉴定遵循行业标准《沉积岩中镜质体反射率测定方法》(SY/T 5124—2012)。样品制备如下：将样品磨碎至颗粒小于 2 mm，然后与琼脂以 1∶1 的比例混合，待样品固结后，将其研磨成薄片并抛光；最后，将抛光的薄切片放在 Zeiss Scope A1 显微镜下进行测定；在测量过程中，每个样品测量 20～55 个有效点。

将用 DCM 抽提后的残渣再次用三氯甲烷抽提，然后通过标准盐酸（HCl）或氢氟酸（HF）处理流程制备干酪根。需要指出的是，由于本研究的样品中含有大量的黄铁矿，不能通过 HCl 或 HF 处理去除，因此测得的干酪根碳含量低于标准值，这在之后会进一步叙述。取适当的三氯甲烷抽提后的残渣再进行 TOC 分析和 Rock-Eval 分析，由于样品在用三氯甲烷抽提后几乎不包含可溶性有机物，因此得出的 TOC 含量可以代表干酪根的有机碳含量。对制备的干酪根进行了碳（C）、氢（H）和硫（S）元素分析，通过元素分析获得的硫含量是总硫含量，既包括有机硫也包括黄铁矿硫。为了进行比较，本研究对原始样品也进行了三氯甲烷抽提，并对抽提后的残渣进行了 TOC 分析和 Rock-Eval 分析。

B　傅里叶红外光谱分析

傅里叶红外光谱（FT-IR）分析使用溴化钾（KBr）压片法，分析工作在

Bruker Vertex70 光谱仪上进行。干酪根样品和 KBr 的稀释系数约为 1∶100，实验过程中，分别称取 80 mg 的 KBr 和 0.8 mg 左右的样品放入玛瑙研钵内进行充分研磨，直至两者充分混合。然后取出均质的研磨物于 10 MPa 的压力下压成薄片。测量的红外光谱在 400 ~ 4000 cm^{-1}波数范围内，仪器的分辨率为 4 cm^{-1}。在测试样品之前，应先扫描背景（空白）吸收光谱。样品制备和测试均在干燥的环境中进行。

C 固体^{13}C 核磁共振分析

固态^{13}C 核磁共振（^{13}C NMR）分析是在 Bruker AVANCE Ⅲ 400 光谱仪上进行的（Mao et al.，2010），该仪器配有 4 mm CP/MAS 双共振探头，^{13}C 的频率为 100 MHz。通过交叉极化/总边带抑制技术（CP-TOSS）获得碳骨架信息。CP-TOSS 魔角转速为 5 kHz，采用^{1}H 90°脉冲序列，脉冲时间为 4 μs。

2.2 热模拟产物随成熟度的变化特征

在页岩原位转化过程中，欲达到油气产量和质量的最优化，需要分析油气生成-滞留-排出过程，此过程不仅取决于干酪根转化为油气的动力学特征、液态产物的二次裂解特征，还取决于不同演化阶段产物的气-液相平衡状态等，而各种气体组分、轻烃组分、重烃组分随热成熟度的演化可为以上研究提供基础数据（Le Doan et al.，2013；Burnham et al.，2014）。因此，需要对排出油、排出气、滞留油的产量特征（包括累积产量和分阶段产量）及组成特征随热成熟度的演化进行详细分析，既包括页岩的初始裂解阶段，也涵盖高热成熟度下产物的二次裂解阶段。

2.2.1 物质平衡

实验结果的可靠程度通过计算产物的回收率来评价，回收率通过实验后产物（包括回收的残渣、气体、滞留油和排出油）的质量之和与实验前原始样品质量的比值获得。可以看出，8 组平行实验的回收率范围是 85% ~ 97%，如图 2-7 所示。理论上，回收率应该是 100%。然而，在产品的收集和定量的过程中，损失是不可避免的，如：（1）早期干酪根分解产生的水被直接丢弃，不计入液体产品中；（2）每次实验结束后，随着高压釜被打开，部分轻烃直接散失；（3）在后续的浓缩和转移过程中，仍有部分轻烃丢失；（4）在高温模拟下，生成的焦炭会残留在管道里；（5）过滤液态烃时，少部分岩石会残留在滤膜上。损失的轻烃、粘在滤膜上的岩石和残留在管道里的焦炭无法定量均无法定量。以上原因共同导致回收率小于 100%，但是整体来看，结果是可以接受的，可以验证实验的可靠性。

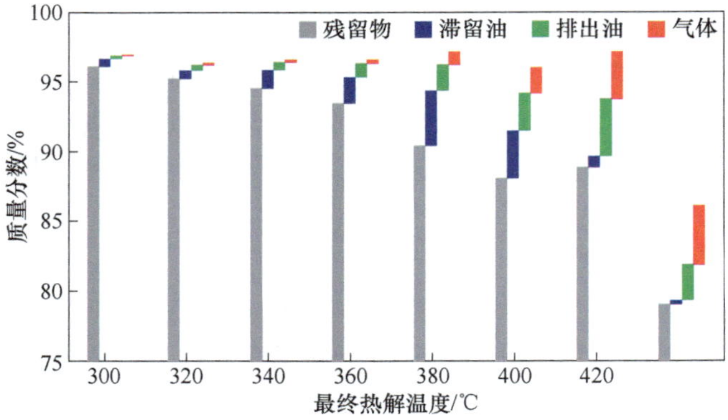

图 2-7　产物回收率随最终热解温度的变化特征

2.2.2　固体残渣随最终热解温度的变化特征

DCM 抽提后残渣的实测 R_o，Rock-Eval 热解参数 S_1、S_2 等基础地球化学参数随最终热解温度变化结果见表 2-3。随着最终热解温度的升高，S_2 和 HI 从 340 ℃开始迅速下降，380 ℃后下降速度重新变缓；380 ℃时 S_2 已经消耗了 60%，到了 400 ℃时，S_2 只剩下 17.25 mg/g，与原始样品的 127.5 mg/g 相比，消耗了 86.47%，预示着烃源岩的生烃潜力已基本被耗尽。TOC 含量在 400 ℃前下降，400 ℃之后又重新上升，这是由热解后期的结焦反应造成的，这在之后会详细讨论。

表 2-3　热解后残渣的基础地球化学参数随最终热解温度变化结果

样品编号	最终热解温度/℃	R_o/%	样品质量/g	二氯甲烷抽提物/g	TOC 含量/%	热解数据			
						S_1/mg·g^{-1}	S_2/mg·g^{-1}	HI/mg·g^{-1}	T_{max}/℃
HJF-0	—	0.53	—	—	26.8	10.10	127.50	476	434
HJF-1	300	0.53	84.33	81.06	26.8	1.33	130.06	485	443
HJF-2	320	0.55	87.58	83.40	25.73	1.48	125.36	487	443
HJF-3	340	0.6	80.96	76.55	25.09	3.02	125.03	498	441
HJF-4	360	0.73	87.02	81.36	24.79	1.87	94.86	383	445
HJF-5	380	1.09	88.04	79.64	22.10	1.61	50.67	229	464
HJF-6	400	1.24	88.96	78.34	19.44	0.98	17.25	89	472
HJF-7	420	1.66	46.78	39.33	21.35	0.65	8.01	38	492
HJF-8	450	1.80	44.28	36.98	21.59	0.73	4.40	20	553

2.2.3 油的产量随热解温度的变化特征

由于每次打开热解装置和收集装置之间的阀门（图2-4中的阀门2）时，从热解釜中排出的产物都聚集在同一套收集装置中，因此每组实验计算的排出油量是该组实验达到最终热解温度之前收集到的所有排出油量之和，是累积的排出油量（cumulative yield）；滞留油是每组实验结束后用DCM抽提热解残渣所得，因此所得的滞留油量也是累积量；同理用排出油量+滞留油量得出的总生成油量也是累积的概念。例如，360 ℃的排出油量是热解温度分别达到300 ℃、320 ℃、340 ℃、360 ℃时开阀时收集到的排出油量的总和。表2-4列出了排出油、滞留油及总生成油的累积产量。通过将相邻热解温度的两组实验获得的累积产量相减，还可以得到该温度段内的排出油量、滞留油量及总生成油量（见表2-5），我们称其为该阶段的净增产量（net incremental yield），净增产量可以反映某个特定温度段的产物特征。在本研究中，所有液态油的量均被换算成“mg/g”。

2.2.3.1 排出油产量随最终热解温度的变化特征

300~420 ℃阶段，排出油的$C_6 \sim C_{14}$组分、C_{15+}组分及总排出油(C_{6+}组分)累积产量的变化趋势一致，均随着最终热解温度的升高而逐渐增加（见图2-8(a)），并在420 ℃时达到最大值，此时$C_6 \sim C_{14}$组分的产量为11.66 mg/g，C_{15+}组分为27.7 mg/g，总排出油产量为39.48 mg/g。与典型的反压调节阀控制的半开放-半封闭热模拟实验相比，本研究中总排出油的最大累积产量相对较低，例如，在Burnham和McConaghy（2014）的研究中，最高排出油量达到91.4 mg/g，在Le Doan等人（2013）的研究中，最高排出油量为68.67 mg/g。干酪根类型（以上研究所用样品为典型Ⅰ型干酪根）、热解压力（以上两个研究中为1~5 MPa，而本研究中为20 MPa）及产物在反应釜中停留时间等差异均是导致最大排出油量不同的原因。当最终热解温度从420 ℃升高到450 ℃时，$C_6 \sim C_{14}$组分、C_{15+}组分及总排出油的累积产量均迅速下降。从排出油的净增产量图（见图2-8(b)）可以看出，温度越高，净增排油量增加越快，这个现象与Le Doan等人的研究结果一致（Le Doan et al.，2013）。

需要说明的是，HJF-8的累积排出油量小于HJF-7。这是由于两组平行实验在达到最终热解温度时采用了不同的升温过程。在HJF-8的最后阶段，温度直接从400 ℃升高到450 ℃，并且没有经历在420 ℃收集产物的过程。因此，与从400 ℃升高到420 ℃的HJF-7相比，HJF-8在400 ℃之前已经生成的产物在反应器中滞留了更长的时间，经历了更剧烈的二次裂解和结焦反应，导致排出油产量降低（Campbell et al.，1978；Burnham et al.，2014）。为了使净增排油量不出现负值，本研究用400~450 ℃代替了420~450 ℃这个区间（见图2-8(b)）。

表 2-4　排出油、滞留油及总生成油的累积产量随热解温度的变化特征

样品编号	质量①/g	温度/℃	排出油产量/mg·g^{-1}			滞留油产量/mg·g^{-1}			总油产量/mg·g^{-1}		
			C_6~C_{14}	C_{15+}	总和	C_6~C_{14}	C_{15+}	总和	C_6~C_{14}	C_{15+}	总和
HJF-1	84.33	300.00	0.27	1.17	1.44	0.19	5.65	5.84	0.46	6.82	7.28
HJF-2	87.58	320.00	0.76	2.65	3.41	0.15	5.94	6.09	0.91	8.59	9.50
HJF-3	80.96	340.00	1.34	4.66	6.00	0.19	11.94	12.13	1.53	16.60	18.13
HJF-4	87.02	360.00	2.38	7.56	9.94	0.29	17.76	18.05	2.67	25.32	27.99
HJF-5	88.04	380.00	5.33	13.23	18.56	0.61	38.30	38.91	5.94	51.54	57.48
HJF-6	88.96	400.00	5.52	20.31	25.83	1.70	33.23	34.93	7.22	53.55	60.76
HJF-7	46.78	420.00	11.66	27.82	39.48	0.94	6.42	7.35	12.60	34.24	46.83
HJF-8	44.28	450.00	6.22	21.48	27.70	0.16	2.85	3.01	6.38	24.33	30.71

① 原始样品在未热解时的质量。

表 2-5　排出油、滞留油及总生成油的净增产量随热解温度的变化特征

温度范围/℃	排出油产量/mg·g^{-1}			滞留油产量/mg·g^{-1}			总油产量/mg·g^{-1}		
	C_6~C_{14}	C_{15+}	总和	C_6~C_{14}	C_{15+}	总和	C_6~C_{14}	C_{15+}	总和
300~320	0.50①	1.48	1.97	-0.04	0.29	0.25	0.45	1.76	2.22
320~340	0.58	2.01	2.59	0.04	6.00	6.04	0.62	8.01	8.63
340~360	1.04	2.90	3.94	0.10	5.82	5.92	1.14	8.72	9.86
360~380	2.95	5.68	8.62	0.32	20.54	20.86	3.27	26.22	29.49
380~400	0.19	7.08	7.27	1.08	-5.07	-3.99	1.28	2.01	3.29
400~420	6.14	7.50	13.65	-0.76	-26.81	-27.57	5.38	-19.31	-13.93
400~450	0.70	1.17	1.86	-1.54	-30.38	-31.92	-0.84	-29.22	-30.06

① 排出油的 C_6~C_{14}组分在300~320 ℃的净增产量（0.5 mg/g，见表2-5）由HJF-2在320 ℃的累积产量（0.76 mg/g，见表2-4）减去HJF-1在300 ℃的累积产量（0.27 mg/g，见表2-4）计算得出。

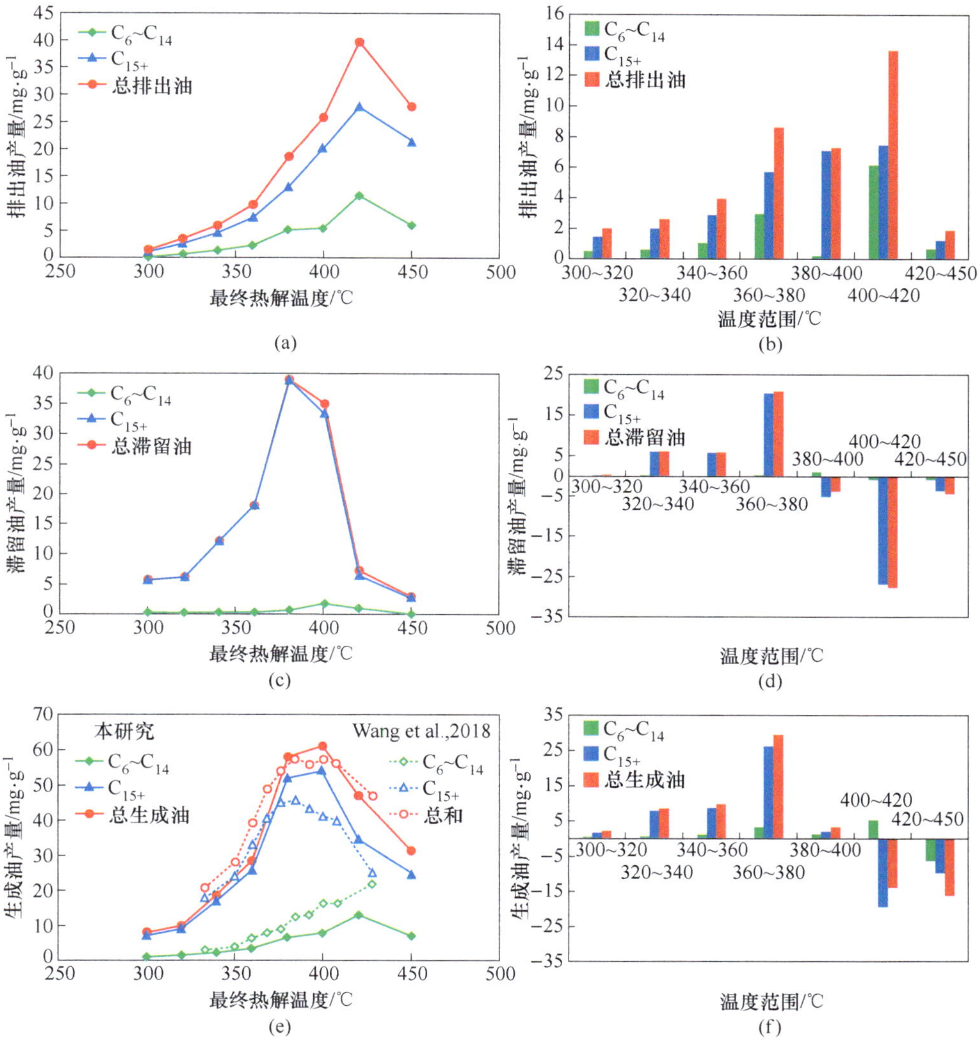

图 2-8 排出油、滞留油和总生成油的累积产量和净增产量随最终热解温度升高的变化特征
（a）排出油的累积产量；（b）排出油的净增产量；（c）滞留油的累积产量；
（d）滞留油的净增产量；（e）总生成油的累积产量，王强等人（2018）
的热模拟结果做对比研究目的；（f）总生成油的净增产量

2.2.3.2 滞留油产量随最终热解温度的变化特征

图 2-8(c) 和(d) 展示了随最终热解温度的升高，滞留油的 $C_6 \sim C_{14}$ 组分、C_{15+} 组分和总滞留油（C_{6+} 组分）的累积产量和净增产量的变化情况。与排出油明显不同，滞留油中 $C_6 \sim C_{14}$ 组分的量非常少，仅占总滞留油的 2%～13%，可见，在阀门 2（见图 2-4）打开的过程中，轻质组分大部分排出了热解装置。

$C_6 \sim C_{14}$组分的量非常少，因此对总滞留油产量的变化趋势影响不大，总滞留油产量的整体变化趋势与C_{15+}组分一致。300～320 ℃阶段，C_{15+}组分和C_{6+}组分的变化很小，320 ℃之后两者的产量迅速增加，且增加速度有加快的趋势（尤其是在360～380 ℃阶段），380 ℃时，C_{15+}组分的累积产量和总滞留油的累积产量均达到最大值，分别是38.3 mg/g和38.91 mg/g。之后，C_{15+}组分和总滞留油产量在380～400 ℃开始缓慢下降，在400～420 ℃迅速下降，420 ℃之后下降趋势又趋于平缓。延长组7段页岩的滞留油产量随热解温度的升高先增加后减少的趋势与典型的半开放-半封闭体系热模拟实验（Le Doan et al.，2013）和水热模拟实验得到的趋势一致（Ruble et al.，2001；Spigolon et al.，2015）。对比排出油（见图2-8(b)）和滞留油（见图2-8(d)）的净增产量可以发现，排出油增长速度最快的温度段（400～420 ℃）正对应着滞留产油减少速度最快的温度段。

2.2.3.3　总生成油产量随热解温度的变化特征

总生成油产量随热解温度的变化趋势是排出油和滞留油综合作用的结果。总生成油的C_{15+}组分和$C_6 \sim C_{14}$组分的累积产量在300～320 ℃阶段稍有增加（见图2-8(e)），在320～380 ℃阶段(尤其是360～380 ℃)增长迅速（见图2-8(f)），380～400 ℃阶段增长缓慢，在400 ℃时分别达到最大值53.55 mg/g和60.76 mg/g。对于轻质组分$C_6 \sim C_{14}$，在阀门2打开时大部分已经排出热解釜，因此其变化特征与排出油的更为类似，在300～420 ℃阶段平稳增长，420 ℃之后下降。

对比排出油、滞留油和总生成油的产量变化特征可以发现，在300～320 ℃阶段，滞留油产量几乎没有什么变化，总生成油产量主要受排出油的影响增长也十分缓慢，因此推测此温度区间内页岩处于干酪根初始降解的阶段，仅产生一些大分子量的热沥青和极少量的油气（Miknis et al.，1995；Behar et al.，2008）。320～380 ℃阶段，随着干酪根迅速裂解生烃，排出油、滞留油和总生成油的C_{15+}组分和$C_6 \sim C_{14}$组分的累积产量均迅速增加，且总滞留油的累积产量在380 ℃时达到最大值。380～400 ℃阶段，尽管排出油的量仍在持续增加（见图2-8(a)），但总滞留油及其C_{15+}组分的累积产量已经开始下降（见图2-8(c)），总生成油的增长速率也明显变缓了（见图2-8(e)）。这说明干酪根已经被逐渐耗尽，产能明显不足，还有部分原因是C_{15+}组分在高温下正在经历二次裂解。400～420 ℃阶段，总滞留油及其C_{15+}组分的累积产量持续下降（见图2-8(c)），总生成油及其C_{15+}组分的累积产量也开始下降（见图2-8(e)）。值得注意的是在400～420 ℃阶段，滞留油的C_{15+}组分净增产量的减少量大于总滞留油量的减少量（见图2-8(d)），表明此时C_{15+}组分正在经历强烈的二次裂解，生成$C_6 \sim C_{14}$、$C_2 \sim C_5$、CH_4和残碳，也称为焦炭（Ungerer，1988；Hill et al.，2003）。对比热解残渣，400 ℃时页岩的生烃潜力已经基本耗尽（见表2-3），干酪根新生成的产物对排出油的贡献有限，因此400～420 ℃时排出油的净增产量大部分是由滞留油的二次裂解产生的。420 ℃之后，排出油、滞留油、总生成油量及它们的和 C_{15+}组分和 $C_6 \sim C_{14}$组分均无一例外地降低，说明在这个温度段，C_{15+}组分继续二次裂解，$C_6 \sim C_{14}$组分也以二次裂解为主。

王强等人（2018）也对延长组 7 段页岩进行了热模拟实验，该研究中所用的样品与本研究相似，只是热模拟实验在金管封闭体系中进行。为了更清晰地对比，也将该项研究的数据一同列于图 2-8(e) 中。可以看出该研究获得的热模拟产物中，轻烃产量高于本研究，这是因为金管热模拟体系已经发展的相当成熟，有一套非常完善的轻烃定量体系（Hill et al.，2003；Behar et al.，2008，2010），与本研究的热模拟实验相比，可以大大减少 $C_6 \sim C_{14}$组分损失。然而，本研究获得的总生成油产量高于金管封闭体系，而且 C_{15+}组分开始减小的温度明显晚于金管体系。这是因为在封闭体系中，初级产物在反应釜中滞留的时间相对来说更长，二次裂解反应会更剧烈。

在页岩热解的产物中，C_{15+}组分主要来源于干酪根和沥青的分解，$C_6 \sim C_{14}$组分既可由中间产物沥青分解生成，也可由 C_{15+}的饱和烃和芳香烃的二次裂解生成（Behar et al.，2008，2010；Hill et al.，2003），两者产量的增加与减少，取决于其生成速率和裂解速率的相对大小（Hill et al.，2003）。C_{15+}组分产量在 400 ℃时达到最大值，说明其生成与裂解在 400 ℃左右达到平衡状态，也就是说在 400 ℃ 之前 C_{15+}就已经开始裂解了；而 $C_6 \sim C_{14}$组分的产量在 420 ℃时达到最大值，说明其生成与裂解在 420 ℃左右达到平衡状态，同理可以推断 420 ℃之前 $C_6 \sim C_{14}$组分已经发生裂解反应。此外，$C_6 \sim C_{14}$组分达到产生与消耗平衡的时间晚于 C_{15+}，这是由 C_{15+}开始二次裂解的温度要低于 $C_6 \sim C_{14}$所致（Dieckmann et al.，1998；Hill et al.，2003；Jia et al.，2014）。

2.2.4 油的色谱特征

在进行全油色谱分析时，色谱柱仅能分离饱和烃和芳香烃组分，不能分离胶质和沥青质等重质组分，因此检测到的轻质组分更多，但是全油色谱随热解温度的整体变化特征依旧可以反映油质的轻重信息。

2.2.4.1 排出油的色谱特征

随着最终热解温度的升高，累积排出油的全油色谱变化特征如图 2-9(a)～(h) 所示。在排出油中，正构烷烃一直是主要成分。300～360 ℃阶段，排出油的主峰碳数较为一致（$nC_{15} \sim nC_{16}$）；360 ℃之后，排出油的主峰碳数突然向低碳数方向移动，降低到了 $nC_{11} \sim nC_{12}$，这说明排出油的油质变轻。420 ℃之后，排出油的主峰碳数不再突出，且正构烷烃优势变得很弱。

2.2.4.2 滞留油的色谱特征

随着最终热解温度的升高，累积滞留油的全油色谱变化特征如图 2-9(i)～(p)所示。与排出油相比，滞留油只有在400 ℃之前表现出正构烷烃优势，而且

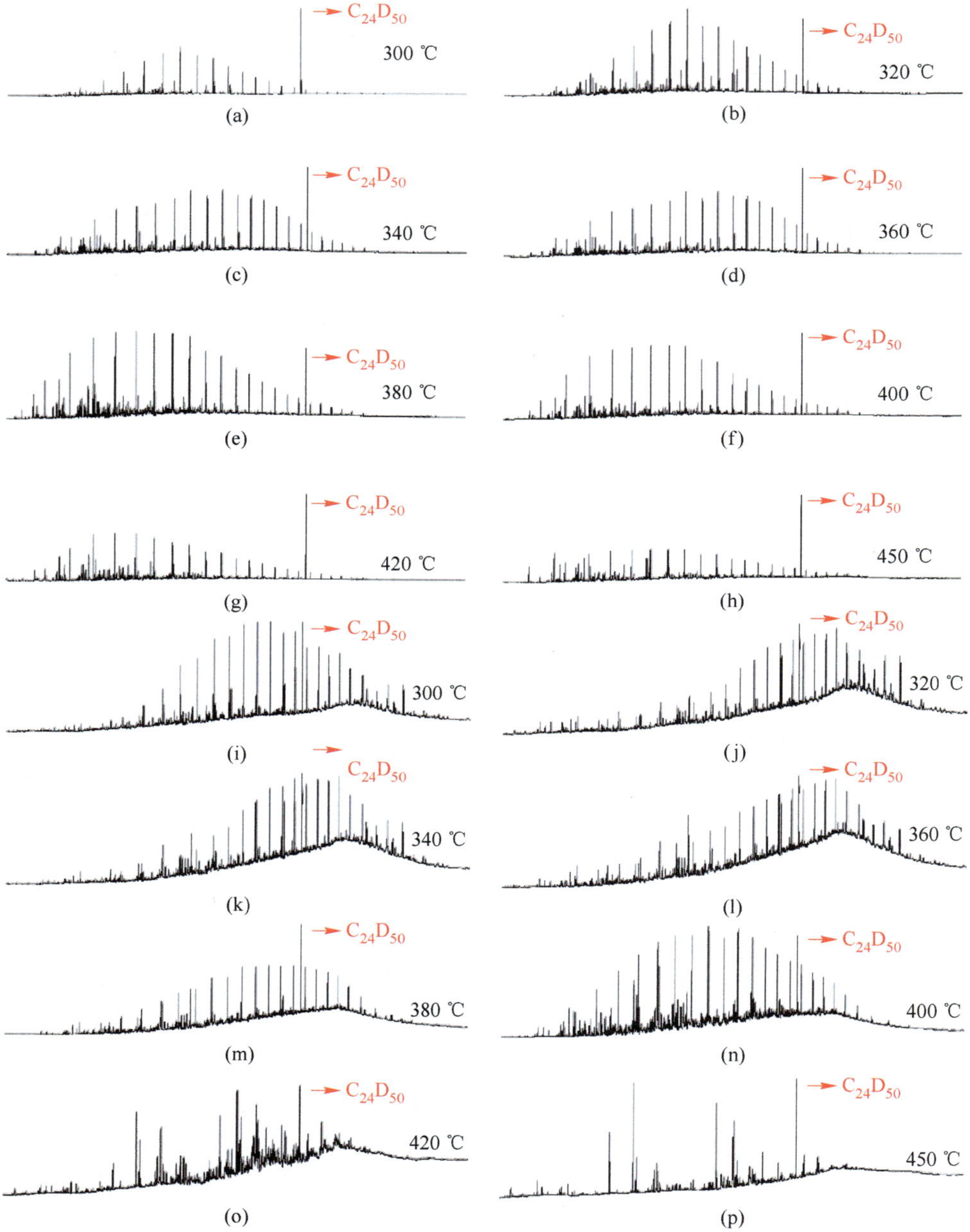

图 2-9　累积排出油、滞留油的色谱图随最终热解温度升高的变化特征

(a)~(h) 排出油的色谱特征；(i)~(p) 滞留油的色谱特征

($C_{24}D_{50}$为内标)

滞留油的主峰碳数较大（nC_{18} ~ nC_{24}）。300 ~ 360 ℃阶段，其主峰碳数随着热解温度的升高有向高碳数方向移动的趋势，这也再次表明页岩热解生成的轻质组分更容易排出热解釜，而重质组分则被滞留下来。这与前面的分析结果一致，即轻烃 C_6 ~ C_{14}大部分随着热解产物排出热解釜，滞留下来的很少。

与排出油一致的是，360 ℃以后滞留油的主峰碳数也突然向低碳数方向移动，降低到了 nC_{15} ~ nC_{16}，这说明整体上延长组 7 段页岩生成的油质开始变轻。油质变轻很大程度上是由 C_{15+}组分的二次裂解造成的，这种猜测可由滞留油和总生成油的 C_{15+}组分净增产量的变化证实（见图 2-8(d)和(f)），滞留油中 C_{15+}组分的净增产量在 380 ℃之后变为负值，总生成油中 C_{15+}组分的净增产量在 380 ℃之后突然减小，且在 400 ℃之后也变为负值。这均说明 380 ℃之前，滞留在热解釜中的 C_{15+}组分正在经历强烈的二次裂解。由滞留油和排出油的主峰碳数突然向左移动推测 C_{15+}组分二次裂解时间应该早于 360 ℃，比由滞留油产量确定的二次裂解时间要早 20 ℃，这是因为干酪根裂解生油与油的二次裂解反应有相当大程度的重合，仅从产量上不易分辨，推测甚至有可能未排出的重质油在其刚开始产生时就已经在同时经历二次裂解了（Bjorøy et al.，1988）。

380 ~ 450 ℃阶段，虽然排出油的色谱特征变化不明显，但是滞留油的变化很大，可以看出 400 ℃以后滞留油中正构烷烃的峰已经非常不明显（见图 2-9(o)和(p)）。这是由于随着热解温度的逐渐升高，反应逐渐由产物的二次裂解和结焦占主导，饱和烃的二次裂解反应进一步凸显滞留油的芳香度（Ungerer，1988；Hill et al.，2003）；芳香环的脱氢反应、脂族产物的芳构化反应等，也会增加油的芳香性（Reynolds et al.，1991；Guan et al.，2016；Lai et al.，2017）。因此，滞留油在 400 ~ 450 ℃色谱显示的峰很有可能是各种芳香族化合物。

2.2.5 气体产量随热成熟度的变化特征

与排出油和滞留油一样，本研究也将气体的产量分为累积产量和净增产量。在实验过程中生成的气体几乎都排出了热解釜，即使在排油管道里有残余，体积也非常小，对总量的影响可以忽略不计，因此排出气产量也是总生气量，两者没有严格区分。在本研究中，均以生成气（或产生气）描述。随着最终热解温度的升高，各组平行实验的累积产气量和分阶段产气量见表 2-6 和表 2-7，所有产量均被换算成“mL/g”。

需要说明的是，在测量 360 ℃产物的气体时，色谱仪 FID 检测器出现问题，气体的响应值是根据 TCD 检测器恢复出来的。根据 TCD 检测器恢复的气体产量对甲烷的影响不大，但是对除甲烷外的其他气体影响较大，这对之后气体的干燥度和气油比表征会有影响。

2.2.5.1 烃类气体产量随热成熟度的变化特征

页岩热解过程中，烃类气体也有多种来源：（1）低热成熟度时，干酪根初

表 2-6　排出气体（生成气体）的累积产量随最终热解温度的变化特征

最终热解温度/℃	气体的累积产量/mL·g^{-1}																
	甲烷	乙烷	乙烯	丙烷	丙烯	异丁烷	正丁烷	异戊烷	正戊烷	氢气	二氧化碳	硫化氢	C_2	C_3	C_4	C_5	$C_1 \sim C_5$	总气体
300	0.044	0.011	0.001	0.010	0.003	0.002	0.003	0.002	0.001	0.002	0.449	0.011	0.012	0.013	0.006	0.003	0.078	0.540
320	0.102	0.027	0.002	0.023	0.005	0.005	0.007	0.003	0.003	0.005	0.507	0.027	0.029	0.028	0.011	0.005	0.176	0.715
340	0.402	0.122	0.010	0.094	0.017	0.014	0.025	0.007	0.008	0.009	0.847	0.042	0.132	0.111	0.039	0.014	0.698	1.597
360	0.966	0.185	0.006	0.144	0.015	0.024	0.041	0.011	0.011	0.060	0.664	0.159	0.191	0.159	0.065	0.021	1.402	2.285
380	2.666	1.058	0.015	0.745	0.039	0.115	0.218	0.057	0.066	0.158	1.610	0.566	1.072	0.785	0.333	0.122	4.978	7.313
400	5.604	2.300	0.014	1.475	0.048	0.206	0.473	0.109	0.138	0.124	2.292	0.959	2.314	1.523	0.679	0.246	10.365	13.741
420	9.556	4.139	0.357	2.310	0.803	0.248	0.629	0.122	0.162	0.646	1.637	4.444	4.496	3.113	0.877	0.285	18.328	25.054
450	11.919	3.925	0.155	1.925	0.313	0.190	0.431	0.075	0.114	0.550	1.533	5.318	4.080	2.239	0.621	0.189	19.047	26.448

表 2-7　排出气体（生成气体）的净增产量随温度范围的变化特征

温度范围/℃	气体的净增产量/mL·g^{-1}																
	甲烷	乙烷	乙烯	丙烷	丙烯	异丁烷	正丁烷	异戊烷	正戊烷	氢气	二氧化碳	硫化氢	C_2	C_3	C_4	C_5	$C_1 \sim C_5$	总气体
300 ~ 320	0.058	0.016	0.001	0.013	0.003	0.002	0.003	0.001	0.001	0.003	0.058	0.016	0.017	0.015	0.006	0.002	0.098	0.255
320 ~ 340	0.300	0.095	0.007	0.071	0.012	0.009	0.018	0.004	0.005	0.004	0.340	0.015	0.103	0.083	0.027	0.009	0.522	1.308
340 ~ 360	0.564	0.063	-0.004	0.050	-0.003	0.010	0.016	0.004	0.003	0.051	-0.183	0.116	0.059	0.047	0.026	0.007	0.704	0.488
360 ~ 380	1.700	0.873	0.009	0.602	0.024	0.091	0.177	0.046	0.055	0.098	0.946	0.407	0.881	0.626	0.268	0.101	3.577	7.152
380 ~ 400	2.938	1.242	-0.001	0.729	0.009	0.091	0.255	0.052	0.072	-0.037	0.682	0.393	1.242	0.738	0.346	0.124	5.387	8.471
400 ~ 420	3.953	1.839	0.343	0.836	0.755	0.043	0.156	0.014	0.025	0.524	-0.656	3.485	2.182	1.591	0.199	0.039	7.962	13.469
420 ~ 450	6.315	1.625	0.142	0.451	0.265	-0.015	-0.042	-0.034	-0.024	0.425	-0.759	4.360	1.766	0.716	-0.058	-0.058	12.707	13.060

始解聚，通过去甲基化反应或脱烷基化反应可生成部分甲烷；(2) 随着成熟度的升高，干酪根裂解可生成部分烃气；(3) 如果温度持续升高，已经产生的油还可发生二次裂解，产生大量重烃气（$C_2 \sim C_5$）和一小部分甲烷；(4) 在过高成熟度时，芳香环上的脱氢与缩聚反应、脂族化合物的芳构化等反应，也可产生部分甲烷和 H_2（Reynolds et al.，1991；Behar et al.，1991；Horsfield et al.，1992；Pepper et al.，1995；Schenk et al.，1997；Hill et al.，2003；Zhao et al.，2010；Guan et al.，2016）。已有研究表明，与干酪根初始裂解直接产生的烃气相比，油裂解阶段可以产生更多的重烃气 $C_2 \sim C_5$（Behar et al.，1995；Hill et al.，2003）。

从 300～420 ℃，随着最终热解温度的升高，各种烃类气体的累积产量呈现增加的趋势（见图 2-10(a)），重烃气($C_2 \sim C_5$)的累积产量在 420 ℃达到最大。从净增产量来看（见图 2-10(b)），气体产量的增长速度越来越快，尤其是在 380～420 ℃表现出陡增的趋势。这种气体加速增长的趋势在反压式调节阀控制

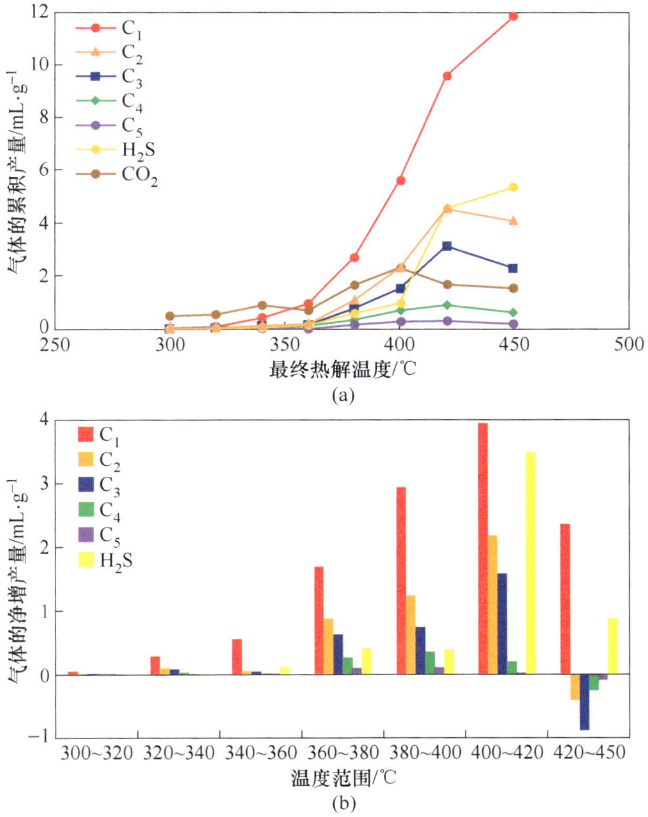

图 2-10　气体的累积产量（a）和净增产量（b）随热解温度的变化特征

的半开放-半封闭体系中也存在（Le Doan et al.，2013），这是由液态油的二次裂解造成的，C_{15+}组分的二次裂解生成了 $C_6 \sim C_{14}$、$C_2 \sim C_5$，CH_4 和焦炭（Ungerer，1988；Hill et al.，2003）。当最终热解温度继续从 420 ℃升高到 450 ℃时，除了甲烷气体产量还在增长，$C_2 \sim C_5$ 气体产量均下降（与油的 $C_6 \sim C_{14}$组分变化趋势一致），说明 420～450 ℃阶段，重烃气 $C_2 \sim C_5$ 也在经历强烈的二次裂解，且其生成速率小于其裂解速率。

需要说明的是，450 ℃时 C_4、C_5 的累积产量比 400 ℃时稍微降低，正常来讲，因为表 2-7 呈现的是每次开阀之后的累积产量，所以 450 ℃的累积产量至少应该和 400 ℃的累积产量一样多，产生这一现象的原因是在排除实验误差和样品误差后，很有可能是由于 C_4 和 C_5 气体在 400 ℃时就已经开始裂解了。在 450 ℃时，C_2 和 C_3 的产量仍然大于 400 ℃时，因此 C_2 和 C_3 达到产生和消耗平衡的温度应该晚于 C_4 和 C_5。$C_4 \sim C_5$ 的生成和二次裂解相平衡时的温度低于 $C_2 \sim C_3$ 的生成和二次裂解相平衡时的温度，与 C_{15+}和 $C_6 \sim C_{14}$表现出的一致。之前也有很多研究描述了这种演化过程（Behar et al.，2008；Hill et al.，2003；Gai et al.，2015），即高碳数的产物二次裂解生成低碳数的产物，而低碳数的产物进一步裂解成最终产物 CH_4，并伴有大量焦炭。

气体的干燥程度通过 $C_1/(C_2 \sim C_5)$ 和 C_1/C_2 的值来表示（Spigolon et al.，2015），如图 2-11 所示。由于在 360 ℃测量产物的气体时，色谱仪 FID 检测器出现问题，气体的响应值是根据 TCD 检测器恢复出来的，各类气体的产量可能不准确，因此用虚线表示两个比值之间的变化特征。温度低于 340 ℃，两者比值变化较小，推测此阶段主要为干酪根初始裂解气为主。340～420 ℃，$C_1/(C_2 \sim C_5)$ 和 C_1/C_2 均有减小的趋势，因此推测此阶段反应主要以干酪根裂解产气和油二次裂解产气为主（Gai et al.，2015），产生大量的重烃气，这个温度区间重烃气的二次裂解反应并不显著。420 ℃之后，$C_1/(C_2 \sim C_5)$ 和 C_1/C_2 均明显增大，这验

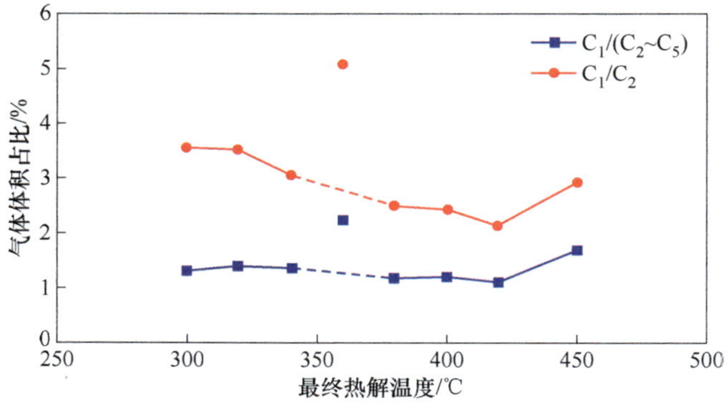

图 2-11　$C_1/(C_2 \sim C_5)$ 和 C_1/C_2 随最终热解温度升高的变化趋势

（虚线为趋势线）

证了之前的猜测，即重烃气在420 ℃以后主要以二次裂解反应为主，其生成速率小于裂解速率。

烃类气体在总气体中的占比如图2-12所示。300～420 ℃阶段，烃类气体在总气体中的占比逐渐增加，在420 ℃时达到最高值（69%），之后呈现缓慢下降的趋势。

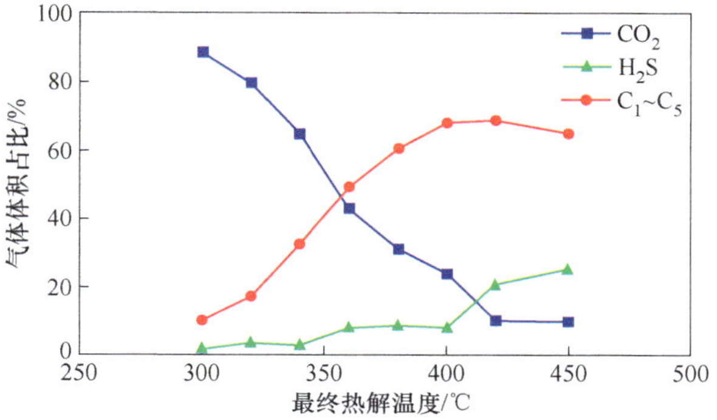

图2-12 CO_2、H_2S、C_1～C_5与总气体的比值随最终热解温度升高的变化趋势

2.2.5.2 非烃类气体产量随热成熟度的变化特征

对于非烃类气体，CO_2是页岩热解的主要气体之一，主要通过有机酸和酯的脱羧作用伴随烃气一起生成（Campbell et al.，1980；Huss et al.，1982）。其累积产量在300～400 ℃阶段持续增加，400 ℃之后不再增加（见图2-10(a)），说明CO_2主要产生于400 ℃之前。当热解温度低于340 ℃时，CO_2是主要的气体产物，气体产量大于所有烃类气体之和，占气体总体积的50%以上，如图2-12所示。340 ℃以后，CO_2不再是主要产物，而且在整个热解过程中，随着温度的升高，CO_2在气体中的占比一直在下降。以上说明，400 ℃之后，二氧化碳的累积产量最少也应该保持和400 ℃时一致，而本研究观察到CO_2的产量稍有下降，这可能是实验过程中的误差，这个误差不影响其总体变化趋势。

H_2S也是页岩热解的主要气体之一，尤其是当页岩的硫含量较高时。H_2S的来源有多种：可以由黄铁矿与干酪根热解产生的烃类、H_2或H_2O反应形成，也可由干酪根中的有机硫化合物裂解形成（Kelemen et al.，1993；Lambert et al.，1998）。有研究表明，含有黄铁矿的干酪根在R_o=2.4%时仍然可以产生H_2S（Kelemen et al.，2012），这很好地解释了本研究的热解过程中H_2S产量持续增加的现象，而且在该实验中，H_2S在气体中的占比越来越大，如图2-12所示。通常来讲，有机硫在较低的温度下便可分解产生H_2S，而由黄铁矿产生H_2S则发生在较高温度下（Qin et al.，2012；Kelemen et al.，2012），因此H_2S在400～

420 ℃阶段产量（见图 2-10）突然增高很有可能是黄铁矿的影响，因为本研究的样品中含有大量的黄铁矿。

2.2.6　气油比特征

这里采用的气油比（gas/oil ratio，GOR）与工业上的计算方法（scf/bbl）不同，本研究所用的 GOR 计算方法依据 Spigolon 等人（2015）。在计算过程中，将油的密度近似看作 0.9 g/cm^3 或 900 g/L。气油体积比通过将烃气（$C_1 \sim C_5$）的体积与油的体积相除计算得出，即 GOR(cm^3/cm^3) = $V_{HC气}$(cm^3)/$V_{油}$(cm^3)，这里的气体仅包括烃类气体，油为总生成油，既包括排出油也包括滞留油。

当热解温度低于 380 ℃时 GOR 增加缓慢，380 ℃气体 GOR 迅速增加（见图 2-13），这说明在 380 ℃之前以干酪根裂解生油气为主，而 380 ℃以油的二次裂解反应为主。一方面，油的二次裂解导致油的产量逐渐降低；另一方面，油的二次裂解又生成大量的气体，导致气体的产量急剧增加。因此，烃类气体的增加和油的减少共同导致了 GOR 迅速增加的现象（Tissot et al.，1984；Dieckmann et al.，1998）。

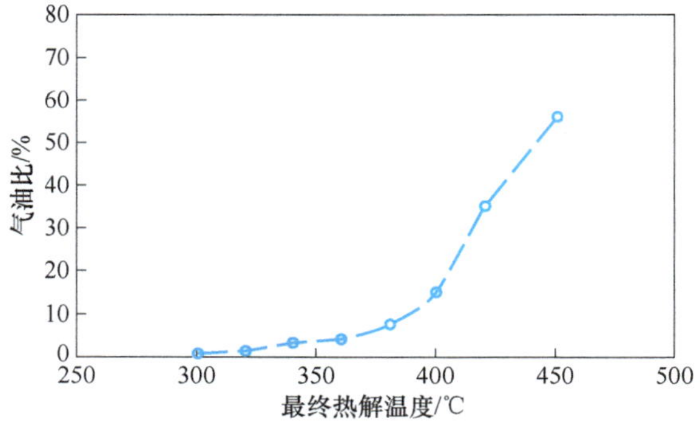

图 2-13　气油比随最终热解温度升高的变化趋势

2.2.7　热解油气产率随成熟度的总体变化特征

烃源岩的热解生-排烃受其热演化程度控制（Tissot et al.，1984），在许多表征热演化的指标中，R_o 是最常用的指标（Schenk et al.，2017；Peters et al.，2018），因此在论述热解油气随热成熟度的总体变化特征时，采用 R_o 表征热成熟度。此外，为了更清晰地反映热应力对热解产物产量和组成的影响，使用 Kinetics 软件计算了热解后残渣的 Easy R_o，算法基于 Sweeney 和 Burnham 在 1990 年提出的动力学模型（Sweeney et al.，1990）。

$$\text{Easy } R_o = \exp\{-1.6 + 3.7[1 - \textstyle\sum_i f_i(\omega_i/\omega_{0i})]\} \tag{2-5}$$

式中，ω_{0i}为原始组分 i 的初始浓度；f_i 为化学计量数。

计算出来的 Easy R_o 与测量的真实镜质体反射率 R_o 的对比如图 2-14 所示，可以看出 Easy R_o 与实测 R_o 的变化趋势大致一致。

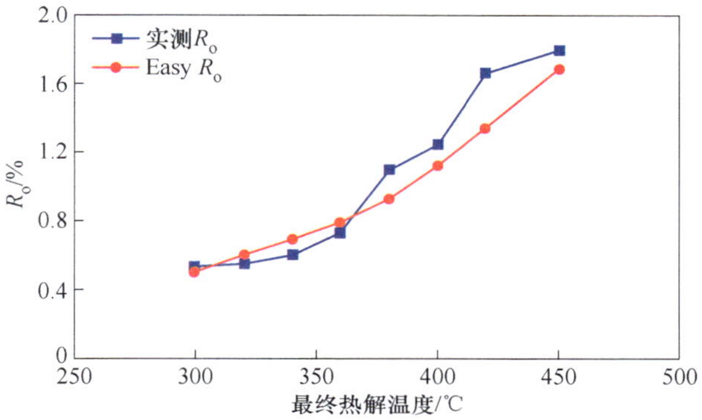

图 2-14 Easy R_o 与实测 R_o 的对比图

图 2-15 展示了排出油、滞留油、总生成油、甲烷、烃类气体、总生成油 + 烃气、甲烷的累积产量及 GOR 随热解温度和热成熟度的变化特征，其中油的产量以“mg/g”计，气体的产量以“mL/g”计。但是，在计算总生成油 + 烃类气体时，将烃类气体的产量也换算为“mg/g”。结合图 2-15 和以上的分析，可以将延长组 7 段页岩的热解生烃演化过程分为 4 个阶段：(1) 300 ~ 320 ℃（实测 R_o 为 0.53% ~ 0.55%）为慢速生烃阶段，此阶段干酪根发生初始裂解产生极少量的油、气；气体中，烃类气体和 H_2S 含量较低，CO_2 含量最高（见图 2-10(a) 和图 2-12)。(2) 320 ~ 380 ℃(实测 R_o 为 0.55% ~ 1.09%) 为快速生烃阶段，干酪根裂解生成大量的液态油和一少部分气体，此阶段生成的 C_{15+} 组分开始二次裂解；气体产物中烃类气体在总气体产量中的占比迅速上升，CO_2 在总气体中的占比急剧下降，H_2S 在总气体中的占比缓慢上升（见图 2-12)。(3) 380 ~ 420 ℃（实测 R_o 为 1.09% ~ 1.66%）为油的裂解和快速生气阶段，在这个热成熟度区间内，C_{15+} 组分大量裂解，并在 380 ~ 400 ℃ 阶段（实测 R_o 为 1.09% ~ 1.24%）达到产生与消耗的平衡，C_6 ~ C_{14}组分也发生二次裂解，并在 400 ~ 420 ℃ 阶段（实测 R_o 为 1.24% ~ 1.66%）达到产生与裂解的平衡；总生成油的产量达到最大（在 400 ℃、实测 R_o 为 1.24% 时，总产油量达到 60.76 mg/g）后开始下降，而重烃气（C_2 ~ C_5）则大量产生，GOR 迅速增长；此阶段烃类气体在总气体中的占比达到最大（见图 2-14)，烃类气体的干燥系数 $C_1/(C_2 \sim C_5)$ 持续降低（见图 2-11)；这个阶段的末期，重烃气（C_2 ~ C_5）也逐渐裂解，CO_2 的累积产量气体在总气体中的占比持续下降至 7%，而与此同时 H_2S 的产量在总气体中的占比

迅速增加，如图 2-14 所示。(4) 高于 420 ℃（实测 R_o 为 1.66%）为气裂解阶段，主要为重烃反应以 C_2 ~ C_5 的二次裂解、芳环的脱氢和缩聚及脂族的芳构化等为主，产生最终产物 CH_4 和焦炭；气体中，H_2S 的占比不断持续增加。

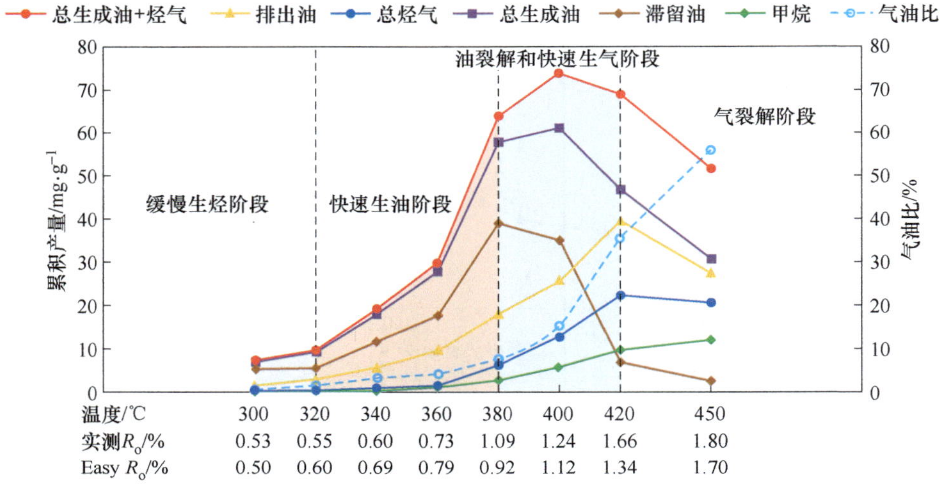

图 2-15　排出油、滞留油、烃类气体、总生成油、总生成油 + 烃气、甲烷的累积产量和 GOR 随热解温度及热成熟度升高的变化特征
（对于累积产量，油的单位为 mg/g，气体单位为 mL/g；
对于 GOR，油的产量被换算成 mL/g，GOR 以% 表示）

综合热模拟产物的产量与组成特征来看，当延长组 7 段页岩被加热到实测 R_o 为 1.24%~1.66% 时，油的产量和质量达到最佳平衡（见图 2-15），此时页岩油的产量较大，且油质较轻，此外迅速增大的气油比也有利于页岩油的采出。当热成熟度低于这个区间时，生成的油大量被滞留且油质较重，页岩利用率不高；当热成熟度高于这个区间时，页岩中可被轻质化的油很小，且结焦反应严重，开采意义不大。此外，在排烃的过程中，C_{15+} 组分被滞留在反应釜中等待更高温度下的二次裂解，而 C_6 ~ C_{14} 组分大部分被排出，这表明，通过原位转化技术将干酪根和重质油转化为轻质油并产出在理论上是可行的。

2.3　热解生烃-滞烃-排烃机理

在中低成熟度页岩中，有机质主要以干酪根的形式存在，干酪根的热解过程对预测页岩热解产物的产量和质量至关重要。早在 1950 年，Hubbard 和 Robinson 在研究 Green River 页岩热解时就提出了干酪根→热沥青→油 + 气 + 残碳的顺序反应机理（Hubbard et al.，1950）。之后，这个反应机理成为干酪根热解的经典模型，也成为引用量最多的模型。Lewan 等人对湖相Ⅰ型干酪根和海相Ⅱ型干酪根进行了水热模拟实验，并将生成的液态产物类定义为冷凝相的沥青和挥发性的油（Lewan，1983；Ruble et al.，2001；Lewan et al.，2011；Spigolon et al.，2015）。在以上的研究中，Lewan 等人支持干酪根的顺序反应机理，即干酪根首先分解为富极性化合物沥青，随后沥青再分解为富含烃类的油（干酪根→沥青→油）。Behar 等人对湖相Ⅰ型干酪根、海相Ⅱ型干酪根及Ⅲ型褐煤进行了封闭体系热模拟实验，并将产物根据化学特征进一步分为含氮、硫、氧的重质杂原子化合物（NSOs）和烃类化合物（HCs）(Behar et al.，2008，2010)。在以上研究中，Behar 同样支持顺序反应机理：干酪根首先裂解生成大量的 NSOs，随后 NSOs 的持续二次裂解产生大部分 HCs（干酪根→NSOs→HCs）。以上两种机理都强调了沥青或 NSOs 作为热解中间产物在干酪根分解过程中的重要性，实际上两种机理是相同的，因为沥青中富含 NSOs，而油中富含 HCs。然而，Burnham 等人对 Ruble 等人（2001）、Behar 等人（2008，2010）、Spigolon 等人（2015）的数据进行了重新分析后，提出这种顺序反应机理并不适用于所有干酪根类型(Burnham，2017；Burnham et al.，2018)。他们计算了 C_{14} ~ C_{29} 组分中饱和烃、芳香烃、胶质、沥青质在油和沥青中的分配系数，结果表明，除了 Green River 油页岩中典型的Ⅰ型藻类干酪根外，干酪根直接生成油气和 NSOs 裂解生成油气是相互独立的，并不严格遵循顺序反应机理。

先前的研究已经对湖相Ⅰ型干酪根和海相Ⅱ型干酪根的裂解反应机理做了深入的分析。然而，延长组 7 段页岩是典型的湖相Ⅱ型干酪根，其沉积环境、母质来源与以上干酪根有很大不同，但是目前为止尚未有研究对沥青、NSOs 在延长组 7 段干酪根热解过程中的作用进行详细讨论，也缺乏对延长组 7 段干酪根热解反应机理的研究。已有的工作倾向于直接引用经典的顺序反应机理，而缺乏产物的详细讨论过程。

研究干酪根的热解生烃机理有助于预测页岩热解产物的产量和质量，但这仅是第一步，因为并不是所有生成的油气都能够排出烃源岩。由于干酪根的溶胀作用、有机质的吸附作用、有机孔隙或裂缝的容留作用等，会有相当一部分烃类产物被烃源岩锁住，只有生成的烃类超过了一定的饱和度之后，多余的部分才能被排出来（Ritter，2003；Pepper et al.，1995；Sandvik et al.，1992；Kelemen et al.，2006）。据研究，在排烃过程中，烃类气体、轻烃（C_6 ~ C_{14}）、C_{15+} 组分中的饱和烃和芳香烃容易排出烃源岩体系，C_{15+} 组分的胶质 + 沥青质（NSOs）容易被页岩滞留（Ritter，2003）。而滞留的这部分产物在持续加热过程中，可以进一步演化成更轻质的油或气，在随后被排出来，因此研究页岩的滞留烃-排烃特征也对页岩原位转化的资源潜力评价和热解工艺条件的优化设计具有重要意义。

2.3.1　油的族组分特征

在油的表征工作中，均对排出油和滞留油的 C_{15+} 组分进行了族组分分离，分离出的4个组分为饱和烃（C_{15+}饱和烃）、芳香烃（C_{15+}芳香烃）、胶质（C_{15+}胶质）、沥青质（C_{15+}沥青质）。排出油和滞留油的族组分质量分数及绝对含量随热解温度的变化见表2-8和表2-9。需要说明的是，族组分分离是对累积排出油和累积滞留油进行的，所以两个表格展示的质量分数和绝对含量也是累积的概念。

表2-8　排出油和滞留油的 C_{15+} 族组分的质量分数

样品编号	质量/g	最终热解温度/℃	实测 R_o/%	排出油含量/%				滞留油含量/%			
				饱和烃	芳香烃	胶质	沥青质	饱和烃	芳香烃	胶质	沥青质
HJF-1	84.33	300	0.53	60.96	14.04	15.79	9.21	30.90	32.58	25.56	10.96
HJF-2	87.58	320	0.53	61.59	14.49	18.48	5.43	29.10	36.32	22.39	12.19
HJF-3	80.96	340	0.60	59.40	17.09	14.10	9.40	19.54	28.16	35.06	17.24
HJF-4	87.02	360	0.73	45.85	26.20	17.03	10.92	10.92	16.53	14.57	57.98
HJF-5	88.04	380	1.09	38.93	22.95	26.23	11.89	14.75	25.90	25.90	33.45
HJF-6	88.96	400	1.24	41.70	31.27	16.60	10.42	9.50	39.67	23.97	26.86
HJF-7	46.78	420	1.66	55.69	23.91	12.83	7.58	24.73	26.52	37.63	11.11

表2-9　排出油和滞留油的 C_{15+} 族组分的绝对含量

样品编号	质量/g	最终热解温度/℃	实测 R_o/%	排出油含量/mg·g^{-1}				滞留油含量/mg·g^{-1}			
				饱和烃	芳香烃	胶质	沥青质	饱和烃	芳香烃	胶质	沥青质
HJF-1	84.33	300	0.53	0.71	0.16	0.18	0.11	1.75	1.84	1.44	0.62
HJF-2	87.58	320	0.53	1.63	0.38	0.49	0.14	1.73	2.16	1.33	0.72
HJF-3	80.96	340	0.60	2.77	0.80	0.66	0.44	2.33	3.36	4.19	2.06
HJF-4	87.02	360	0.73	3.46	1.98	1.29	0.82	1.94	2.94	2.59	10.30
HJF-5	88.04	380	1.09	5.15	3.04	3.47	1.57	5.65	9.92	9.92	12.81
HJF-6	88.96	400	1.24	8.47	6.35	3.37	2.12	3.16	13.18	7.97	8.93
HJF-7	46.78	420	1.66	15.49	6.65	3.57	2.11	1.59	1.70	2.42	0.71

2.3.1.1　排出油的族组分特征

图2-16(d) 为排出油的 C_{15+}饱和烃、C_{15+}芳香烃、C_{15+}胶质和 C_{15+}沥青质（以下合并为 C_{15+}胶质 + 沥青质）的累积产量随最终热解温度升高的变化特征（图2-16(a) 为排出油的累积产量随最终热解温度的变化特征，起辅助作用），

从图中可以看出，C_{15+}饱和烃的累积产量随最终热解温度的升高而持续增加，且增长速度有加快的趋势；C_{15+}芳香烃的累积产量虽然也随着温度的升高而增加，但是其增长速度在380 ℃之后放缓，并在400 ℃之后不再增加；C_{15+}胶质+沥青质的累积产量最早停止增长，在380 ℃左右就达到最大值。在排出油中，饱和烃和芳香烃的含量在总C_{15+}组分中的占比较高，为61.89%～79.59%，如图2-17所示。

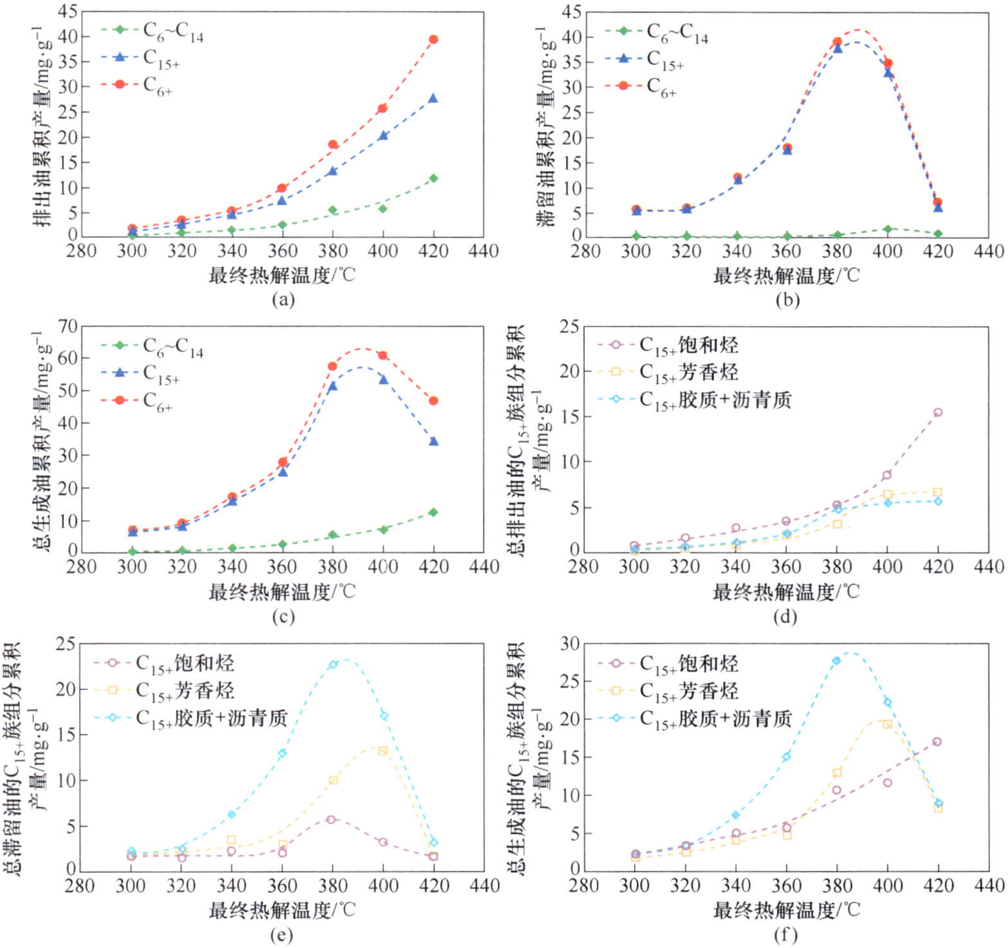

图2-16　排出油、滞留油、总生成油的累积产量及其C_{15+}族组分含量随最终热解温度的变化特征

(a) 排出油；(b) 滞留油；(c) 总生成油；(d) 总排出油的C_{15+}族组分；(e) 总滞留油的C_{15+}族组分；(f) 总生成油的C_{15+}族组分

（虚线为趋势线）

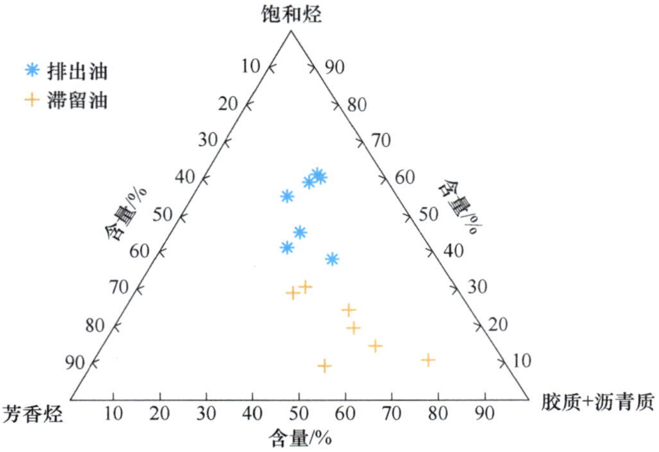

图2-17 排出油和滞留油的 C_{15+} 族组分含量三角图

2.3.1.2 滞留油的族组分特征

图2-16(e) 展示了总滞留油中 C_{15+} 饱和烃、C_{15+} 芳香烃、C_{15+} 胶质+沥青质的累积产量随最终热解温度的变化特征(图2-16(b)为滞留油的累积产量随最终热解温度的变化特征，起辅助作用)，C_{15+} 饱和烃、C_{15+} 芳香烃、C_{15+} 胶质+沥青质的累积产量均随最终热解温度增加表现出先增加后减小的趋势，只是拐点出现的位置不一致，C_{15+} 饱和烃的拐点位于380 ℃左右；C_{15+} 胶质+沥青质的拐点虽然也位于380 ℃附近，但从曲线变化的趋势上看比 C_{15+} 饱和烃的稍晚；C_{15+} 芳香烃的拐点出现时间最晚，位于400 ℃左右。以上变化说明饱和烃的二次裂解应该早于 C_{15+} 胶质+沥青质的二次裂解，而 C_{15+} 芳香烃的减少应该与其结焦反应相关。与排出油相比，滞留油的胶质和沥青质组分之和的相对含量较高(34.59%~72.55%)，如图2-17所示。排出油和滞留油的各族组分含量存在明显的界限，没有重叠区域，这与水热模拟的结果一致（Ruble et al.，2001；Spigolon et al.，2015）。

2.3.1.3 总生成油的族组分特征

图2-16(f) 展示了总生成油的 C_{15+} 饱和烃、C_{15+} 芳香烃、C_{15+} 胶质+沥青质的累积产量随最终热解温度的变化特征（图2-16(c) 为总生成油各组分的累积产量随最终热解温度的变化特征，起辅助作用)，总生成油中的 C_{15+} 饱和烃含量逐渐增加，而 C_{15+} 芳香烃和 C_{15+} 胶质+沥青质的含量分别在400 ℃和380 ℃增加到最大值后开始降低。

2.3.2 延长组7段页岩的生烃机理

沥青的用法有很多种，它既可以特指重质原油，也可以代表岩石的 DCM/三氯甲烷抽提物（Tomić et al.，1995；Behar et al.，1997；Lewan et al.，2011；Spigolon et al.，2015）或 DCM + 甲醇抽提物（Le Doan et al.，2013；Craddock et al.，2015），还可以用于表示顺序反应机理（干酪根→沥青→油）的中间产物（Lewan，1983；Ruble et al.，2001；Lewan et al.，2011；Spigolon et al.，2015）。为了与水热模拟中的研究结果做对比，将沥青特指为 DCM 抽提物，将排出油称为油（与水热模拟中挥发相的油相对应），对热解生烃机理做详细讨论。

2.3.2.1 延长组 7 段页岩的热解反应机理

在干酪根初始裂解时，油与沥青同时产生（见图 2-16(a)和(b)）。尽管沥青的产量大于油，但与 Green River 页岩（Ruble et al.，2001）的湖相Ⅰ型干酪根和 Batateira Beds 页岩（Spigolon et al.，2015）的海相Ⅱ型干酪根不同，延长组 7 段页岩的油和沥青产量之间没有数量级的差异。油的累积产量随着热解温度的升高而增加，并且增加速度越来越快。380 ℃时，沥青的累积产量逐渐达到最大值并且开始下降（见图 2-16（b）），说明沥青正在经历强烈的二次裂解，但是与此同时油的累积产量仍然平稳增加，并没有出现陡增的趋势（见图 2-16（a））。在 360～380 ℃阶段，沥青 + 油的累积产量（见图 2-16（c））达到最大值，这意味着干酪根的裂解达到了最剧烈的程度。380 ℃之后，当沥青经历强烈的二次裂解时，油 + 沥青净增产量的增长率开始下降（见图 2-18），这是由沥青的二次裂解和干酪根的生烃能力逐渐耗竭共同引起的。400 ℃之后，当总产物（油 + 沥青）开始下降时，排出油量仍在增加，这部分排出油应该主要来自沥青的裂解，因为干酪根的生烃潜力已经消耗了 86.47%，而且 TOC 含量由于二次裂解和结焦反应开始重新上升（见表 2-3）。

综上所述，延长组 7 段页岩干酪根的裂解并不严格遵守沥青与油之间的反应物-产物关系，即干酪根→沥青→油。干酪根顺序反应机理早在 1950 年由 Hubbard 和 Robinson 提出（Hubbard et al.，1950），后来许多研究在对 Colorado 页岩、Green River 页岩、Woodford 页岩和 Araripe 页岩进行热解产物分析时均引用这样的反应机理（Braun et al.，1975；Lewan，1983；Lewan et al.，2002）。但是，实际上对于延长组 7 段页岩，在干酪根初始裂解时就同时产生了油和沥青，而且两者的累积产量在 360 ℃和 380 ℃之前都表现出加速增长的趋势，并不是水热模拟中观察到的直到沥青大量二次裂解时，油的产量才开始快速增加（Ruble et al.，2001；Spigolon et al.，2015）。在沥青的累积产量达到最大值之前，油的产量占三分之一以上，只有当干酪根的生烃潜力几乎被耗尽时，沥青才成为油的主要来源。

为了验证 Behar 等人提出的另外一种顺序反应机制（干酪根→NSOs→HCs）对延长组 7 段页岩的适用性，本研究也将所得产物划分为 NSOs 和烃类化合物

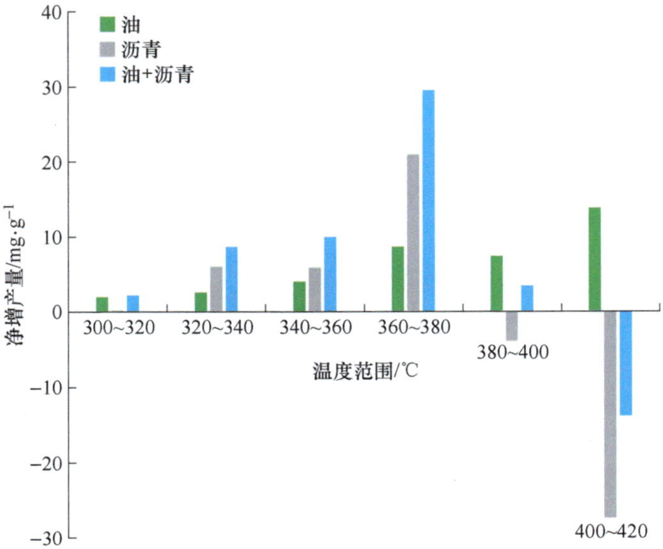

图 2-18　油、沥青和油 + 沥青的净增产量随热解温度的变化特征

(HCs)。与沥青相似，含有氮、硫、氧的重质杂原子化合物 NSOs 在不同研究中也有不同的用法：它既可以表示干酪根和油之间的中间产物，像以上所述的沥青的第三种用法；也可以表示 C_{15+} 胶质和 C_{15+} 沥青质的总和。本研究采用第二种用法，将 C_{15+} 胶质和 C_{15+} 沥青质之和一起命名为 NSOs，将 C_{15+} 饱和烃与 C_{15+} 芳香烃之和命名为 HCs。

可以看出，在任何热解温度下，油中 C_{15+} 饱和烃的产量都比沥青中的高（见图 2-19(b)），反之沥青中的 NSOs 产量总是高于油（见图 2-19(d)）。400 ℃之前，沥青中的 C_{15+} 芳香烃产量高于油，而 400 ℃之后油中的 C_{15+} 芳香烃产量超过沥青（见图 2-19(c)）。结合图 2-19(a)和(d)可以看出，沥青累积产量达到最大值，NSOs 的总生成量也达到最大值。这一结果在其他研究中也有发现，被用来证明沥青中的 NSOs 是排出油中 C_{15+} 饱和烃的主要来源（Behar et al.，1997，2008，2010；Spigolon et al.，2015）。但是这个说法是牵强的，尤其是应用到延长组 7 段页岩时。首先，从图 2-19(b)～(d)中可以看出，在干酪根初始裂解时，C_{15+} 饱和烃、C_{15+} 芳香烃就与 NSOs 一起产生；其次，NSOs 的累积产量并没有在一开始就达到最大值，而是与干酪根大量裂解生烃的阶段（360～380 ℃）同时发生（见图 2-19 (d)）；在 NSOs 剧烈二次裂解时，油 + 沥青的 C_{15+} 饱和烃含量依旧稳定增加，并且没有显示出急剧变化（见图 2-19(b)）；此外，尽管沥青中的 C_{15+} 饱和烃累积产量先增加后减少，油中的 C_{15+} 饱和烃累积产量及油 + 沥青中的 C_{15+} 饱和烃累积产量持续增加。

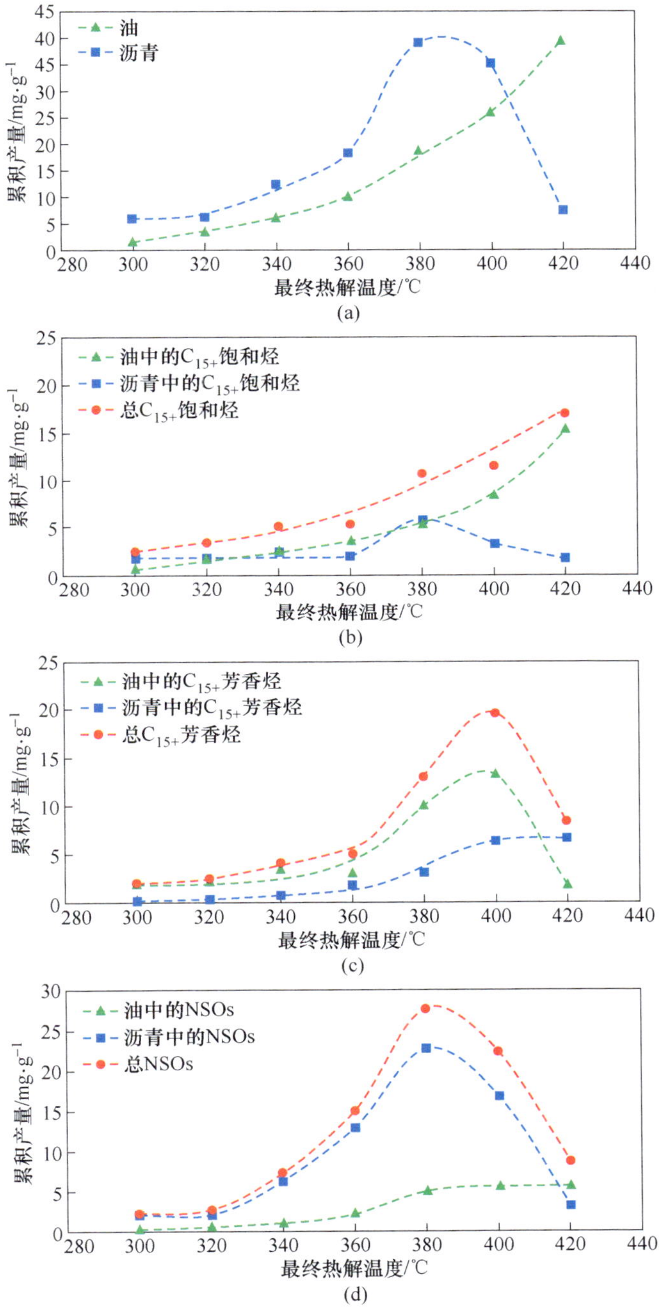

图 2-19 油和沥青的累积产量及两者的 C_{15+} 饱和烃、C_{15+} 芳香烃和 NSOs 随最终热解温度的变化特征

(a) 油和沥青；(b) C_{15+} 饱和烃；(c) C_{15+} 芳香烃；(d) NSOs

根据 Burnham 等人的研究模型（Burnham et al.，2018），笔者也绘制了各组分在油和沥青之间的分配关系随热解温度的变化图，如图 2-20 所示。所得的结论与 Burnham 等人一致，即 C_{15+} 饱和烃、C_{15+} 芳香烃、NSOs 在油中的质量分数与在沥青中的质量分数随最终热解温度升高呈总体上升的趋势。上述变化特征表明，HCs 是直接从干酪根中生成的，其生成过程可能与 NSOs 的形成无关，这进一步证明了延长组 7 段干酪根并不严格遵循顺序反应模型（干酪根→NSOs→HCs）。380 ℃之后，当沥青中的 C_{15+} 饱和烃逐渐降低，并且干酪根的生烃潜力逐渐被耗尽时，排出油中 C_{15+} 饱和烃仍然在增加，此时增加的 C_{15+} 饱和烃很有可能源于 NSOs 的二次裂解。可以发现，NSOs 和 HCs 的产生途径与油和沥青的产生途径类似，互相之间均较为独立，这不足为奇，因为沥青中富含 NSOs，而油中富含 HCs。

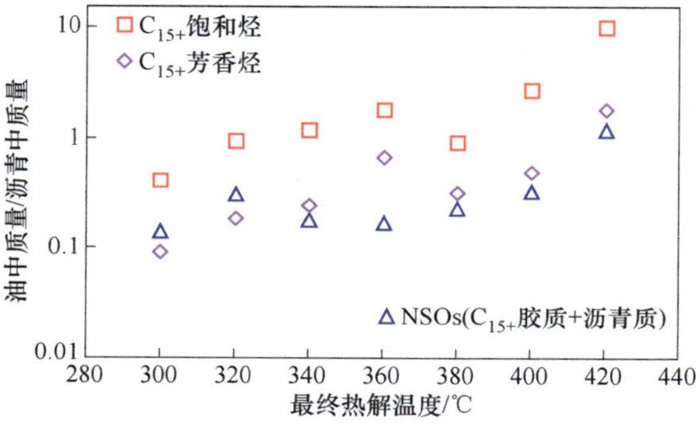

图 2-20　C_{15+} 饱和烃、C_{15+} 芳香烃和 NSOs 在油和沥青中的分配关系随最终热解温度的变化

2.3.2.2　与海相Ⅱ型有机质页岩对比

油和沥青具有相同的组成成分：轻质组分 $C_6 \sim C_{14}$ 和重质组分 C_{15+}，挥发相的 C_{15+} 饱和烃、C_{15+} 芳香烃和冷凝相的 NSOs。因此，与排出油和滞留油的定义一样，油和沥青的定义也取决于其是否从热解釜中被排出（Burnham et al.，2018）。在过去的热解实验中，观察到干酪根初始裂解产物沥青主要是由富极性杂原子化合物 NSOs 组成的（Tissot et al.，1984；Behar et al.，1992，1997；Lewan et al.，2002），因此，NSOs 在干酪根热演化过程中的作用成为研究的热点，IFP 的学者做了大量工作，主要利用金管实验探讨封闭热解条件下干酪根的反应机理，特别是 Behar 和他的同事，对 NSOs 化合物在Ⅰ型、Ⅱ型和Ⅲ型干酪根或褐煤裂解过程中的作用进行了详细研究（Behar et al.，2008，2010）。以下本研究将利用 Behar 等人（2008）中 Toarcian 页岩的研究结果，与延长组 7 段页岩在半封闭-半开放体系下的结果做对比研究。

在 Behar 等人的论文中，研究人员根据产物在有机溶剂中的溶解程度，将 NSOs 进一步细分为两类：一类是可溶于正戊烷的 NSOs（n-pentane NSOs），包括部分 C_{14+} 胶质；另一类是不溶于正戊烷但溶于 DCM 的 NSOs（DCM NSOs），包括其余的 C_{14+} 胶质和 C_{14+} 沥青质。在该文献中，HCs 是 $C_1 \sim C_4$、$C_6 \sim C_{14}$、C_{14+} 饱和烃及 C_{14+} 芳香烃的总和。在本研究中，将油 + 沥青中的 C_{15+} 胶质划分为 n-pentane NSOs，将油 + 沥青中的 C_{15+} 沥青质划分为 DCM NSOs，将 $C_1 \sim C_5$、$C_6 \sim C_{14}$、C_{15+} 饱和烃和 C_{15+} 芳香烃划分为 HCs。尽管这两种划分方案在绝对质量上存在差异，但本研究的划分方案可以近似等于 Behar 等人的方案。

HCs、n-pentane NSOs 和 DCM NSOs 随转化率（Behar et al.，2008）的变化和最终热解温度的变化（本研究）如图 2-21(a) 所示。Toarcian 页岩的 NSOs 在干酪根初始裂解时就产生了，并且迅速达到最大值，HCs 虽然也在干酪根初始裂解时产生，并且随转化率稳定增加，但是其产量一直小于 NSOs，直到转化率大于 80% 后才超过 NSOs（见图 2-21(b)）。然而对于延长组 7 段页岩，干酪根初始裂解生成的产物主要是 HCs 而不是 NSOs，并且在整个实验过程中 HCs 的产量始终大于 NSOs（见图 2-21(a)）。Toarcian 页岩和延长组 7 段页岩的热解结果均表明，干酪根在初始裂解阶段同时生成 HCs 和 NSOs。随着热成熟度的增加，尽管产物的产量和组成成分上存在差异，也并不能掩盖 HCs 和 NSOs 平行生成的事实，只是延长组 7 段页岩的平行特征更加明显。但需要指出的是，以上论述并不意味着 HCs 不能由 NSOs 生成，可以看出，HCs 曲线在 360 ℃之后呈现异常陡峭的上升趋势，这可能是由干酪根的初始裂解和 DCM NSOs 的二次裂解共同造成的。

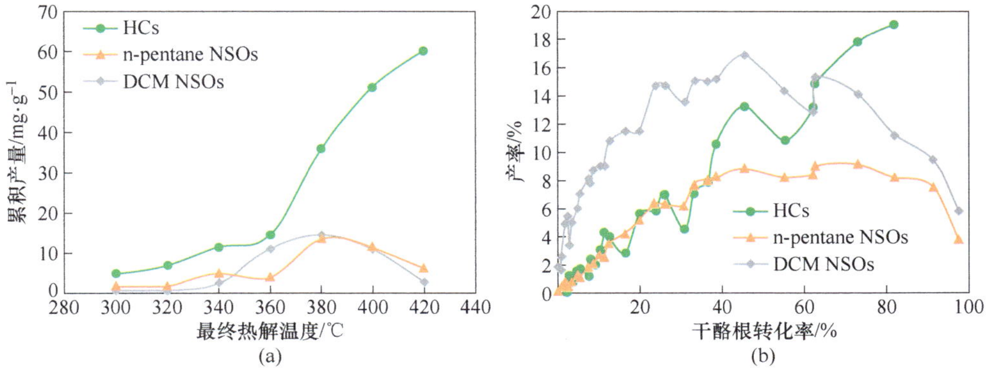

图 2-21 延长组 7 段页岩（a）和 Toarcian 页岩（b）的热解产物 HCs、n-pentane NSOs、DCM NSOs 随最终热解温度和转化率的变化特征

综上所述，延长组 7 段页岩的热解生烃不遵循顺序反应机理，而是与 Burnham 等人提出的交替反应机理的一致，即页岩在热解生烃过程中，油和沥青

同时生成，NSOs 和 HCs 同时生成。这是化学键断裂顺序的表现，即干酪根之间弱键的断裂生成 NSOs 和干酪根侧链的断裂形成 HCs 是同时发生的（Burnham，2017；Burnham et al.，2018）。众所周知，干酪根是由若干交联键组成的核心块体和许多与核心块体相连的侧链组成的大分子聚合物（Behar et al.，1992；Freund et al.，2007）。干酪根通过化学键断裂生成油、气等产物。目前来说有 4 种干酪根断键机理：主链随机断裂、解聚、侧链反应和碳化（Flynn et al.，1985）。在二次裂解反应之前，沥青（NSOs）是由干酪根大块体之间的弱键断裂或干酪根与矿物之间的弱键断裂形成的，油（HCs）则很可能是由侧链断裂而形成的（Burnham et al.，1989）。因此，很明显，热解产物的产量和组成成分取决于干酪根的结构（线性结构或分支化结构）及化学键的强弱。如果干酪根是藻类线性聚合物（见图 2-22(a)），则无论是通过解聚还是随机侧链断裂，挥发性产物的形成都需要多个化学键同时断裂。如果干酪根包含足够的侧链，则单个化学键的断裂就有可能形成挥发性产物（见图 2-22(b)）(Burnham et al.，1989，1996)。从这个角度来看，延长组 7 段页岩的干酪根可能包含足够多的侧链，因此即使在热解开始时也可以产生 HCs。

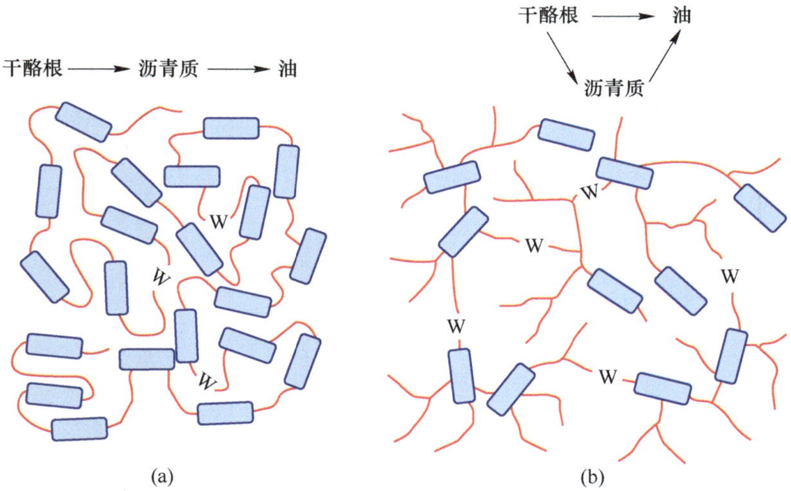

图 2-22　顺序反应干酪根模型和交替反应干酪根模型
（据 Burnham，2017，有修改）
（a）连续反应；（b）另一路径
W—弱化学键

值得一提的是，在用于水热模拟的样品中，Green River 油页岩和巴西的 Batateira Beds 烃源岩的有机质类型属于湖相Ⅰ型，Woodford shale 属于海相Ⅱ型；用于金管模拟的 Toarcian 页岩的有机质类型属于海相Ⅱ型；本研究中所用的延长组 7 段页岩的有机质类型属于湖相Ⅱ型，其沉积环境与母质来源不同于以上所有样品。因此延长组 7 段页岩表现出来的不同热解机理在很大程度上受有机质来源不同的影响。此外，本研究采用的是基于温度的半封闭-半开放热模拟体系，在生烃过程中伴随着排烃过程，排烃过程中的产物有选择性地优先排出造成了热解釜中总反应物的化学组成发生改变，这会进一步影响接下来生成产物的产量和质量。但是，本研究利用现有的热模拟装置证明，延长组 7 段页岩在原位转化条件下，刚开始热解时不仅生成了重质的沥青和 NSOs，同时也生成了大量的轻质油和 HCs，这一结果对原位转化技术在延长组 7 段页岩中的应用是非常有利的，表明原位转化技术可以实现页岩油的快速开采，对于解决中国中低成熟度页岩油的开采问题具有重要意义。

2.3.3 延长组 7 段页岩的滞留烃-排烃机理

对于常规油气勘探来说，研究烃源岩排烃效率可以预测烃源岩排烃量，从而确定整个研究区的油气勘探潜力；对于非常规页岩油气勘探来说，研究烃源岩的排烃效率也十分重要，因为排烃效率的高低决定了页岩层系中滞留油气资源量的多少，排烃效率越低，说明排出油气量越少，相反滞留下来的数量也就越多，页岩就越有勘探前景。对于页岩原位转化技术来说，研究排烃效率同样重要，首先计算低成熟度页岩的滞留油量，可以帮助预测其未来的原位转化资源量；其次在原位转化过程中，需要不断优化工艺与页岩的演化相匹配，来提高排烃效率，从而提高油气的可采程度。因此，这里将借鉴常规烃源岩与非常规页岩中的研究方法深入探讨延长组 7 段页岩在基于温度的半开放-半封闭热解体系下的滞留烃-排烃机理。

2.3.3.1 延长组 7 段页岩的排烃效率

目前已经有多种方法计算泥页岩的排烃效率（petroleum expulsion efficiency, PEE)(陈建平 等，2014)，包括：(1) 以 Leythaeuser 为代表的地质剖面解剖法 (Leythaeuser et al., 1984a, 1984b, 1988a, 1988b)；(2) 基于物质平衡的岩石热解生烃潜力法 (Cooles et al., 1986; Pepper, 1991)；(3) 生烃热模拟法 (Lafargue et al., 1998; Eseme et al., 2007, 2012)；(4) 根据生烃动力学模型外推计算法 (Braun et al., 1990; Ungerer, 1990; Pepper et al., 1995) 等。

由于研究方法不同，不同学者对排烃效率有不同的定义和计算方法，本研究采用相对排烃效率 (relative expulsion efficiency, REE) 的概念，将其定义为已排出的烃量与已生成的烃量的比值 (Cooles et al., 1986; Pepper et al., 1995; Ritter, 2003; Eseme et al., 2012)。

$$\mathrm{REE}=\frac{\text{排出油量}}{\text{总生成油}}=\frac{\text{排出油量}}{\text{排出油量}+\text{滞留油}}=\frac{Q_{\mathrm{E}}}{Q_{\mathrm{E}}+Q_{\mathrm{R}}} \tag{2-6}$$

在这个公式中，油是一个广义的概念，代表烃类，既包括液态石油也包括烃类气体；排出油量 Q_E 指排出烃，是排出油和排出气累积产量之和，在计算过程中排出气体的产量换算成“mg/g”；滞留油量 Q_R 是指已经生成的未排出热解装置的烃类，既包括滞留油，也包括 DCM 抽提后残渣的热解 S_1。以上所有产量均以“mg/g”计量。

在分析排烃效率前，为了方便叙述，在这里引入“滞留窗”的概念。根据 2.2.7 节分析，320～380 ℃（实测 R_o 为 0.55%～1.09%）是快速生油期，虽然在 380 ℃（实测 R_o 为 1.09%）左右油进入快速二次裂解阶段，但是干酪根仍剩下约 40% 的生烃潜力（见表 2-3），因此总生烃量仍稍有增加（见图 2-15），延长组 7 段页岩的生油窗范围大概是 300～400 ℃（实测 R_o 为 0.53%～1.24%）。如果近似将 400 ℃时的产量作为最大产量，那么在生烃高峰期 340～380 ℃（实测 R_o 为 0.60%～1.09%）时，其生成的产物占总产物的 64.5%。仿照生油窗，本研究在这里引入滞留窗的概念，将其定义为：页岩油滞留量逐渐增加到最大值所对应的热成熟度区间。结果显示，延长组 7 段页岩的滞留窗为 320～380 ℃（实测 R_o 为 0.55%～1.09%），滞留窗结束的时间早于生油窗。

如图 2-23 所示，结合生成烃、排出烃、滞留烃的累积产量和排烃效率，可以看出，生烃高峰结束（实测 R_o 为 1.09%）前，虽然排出烃量迅速增加，但滞留烃量也在迅速增加。与此同时，虽然排烃效率也有增加的趋势，但是增幅并不明显，整体上排烃效率较低，仅为 34%～39%。这个结果不同于前期研究指出的延长组 7 段烃源岩在生油高峰期（实测 R_o 为 0.8%～1.1%）时，排烃效率达

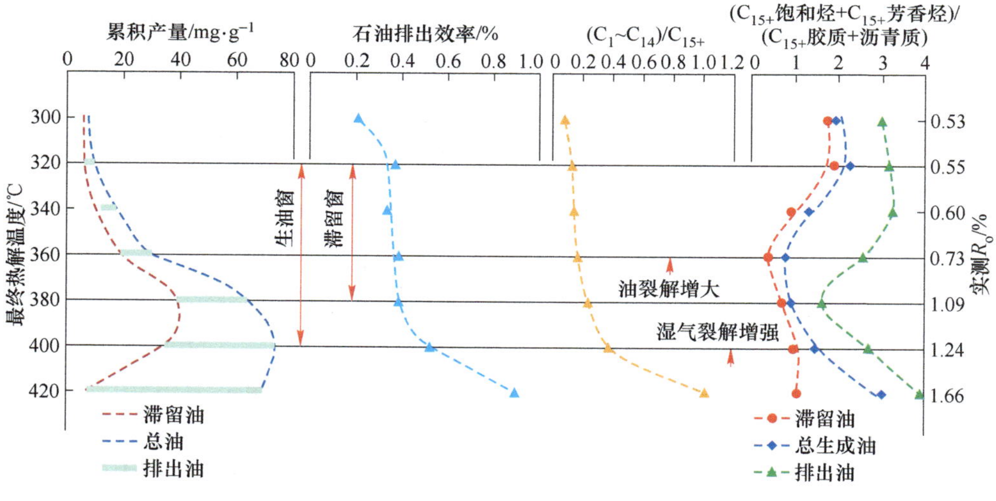

图 2-23　延长组 7 段页岩的生烃特征、排烃效率、$(C_1\sim C_{14})/C_{15+}$、$(C_{15+}$饱和烃$+C_{15+}$芳香烃$)/(C_{15+}$胶质$+$沥青质$)$ 随最终热解温度和热成熟度升高的变化特征

75%~85%（陈建平 等，2014）。滞留下来的主要由 C_{15+} 组分组成（见图 2-8（c）），而且从族组分特征可以看出（见图 2-23），实测 R_o 为 1.09% 之前，滞留油和总生成油的（C_{15+} 饱和烃 + C_{15+} 芳香烃）/（C_{15+} 胶质 + 沥青质）的值在 1.09% 附近达到最小，说明在重烃中 NSOs 的比例逐渐升高。生烃高峰期过后，随着 C_{15+} 大量裂解产生轻质油和湿气，气油比大量增加（见图 2-13），而且（C_{15+} 饱和烃 + C_{15+} 芳香烃）/（C_{15+} 胶质 + 沥青质）的值迅速升高，因此排烃效率开始迅速增加（Bowker，2007）。

在干酪根成熟度早期和生油窗范围内，干酪根的溶胀作用使生成的油被干酪根骨架容留（Ritter，2003；Ertas et al.，2006；Kelemen et al.，2006）。有机质对烃类的吸附作用十分显著，可以滞留大量的烃类（Jarvie，2012；Li et al.，2018）。最近有很多研究表明，页岩逐渐成熟的过程中，有机质在生成油气的同时也会形成微米至纳米级的孔，这些次生孔隙既可以为烃类提供储存空间，其增大的比表面积也可以吸附更多的烃类（Curtis et al.，2012；Loucks et al.，2009，2012）。有研究利用热模拟实验研究了延长组 7 段页岩的有机质孔隙随成熟度的变化，结果表明在生油窗范围内，确实形成了大量的次生有机质孔隙，这些孔隙被生成的中间产物沥青和油充填着（Sun et al.，2015；Guo et al.，2017；郭慧娟，2017）。如果将有机质对烃类的吸附作用、次生有机质孔隙对烃类的储存作用考虑在内，生油高峰期内的低排烃效率现象也就不难理解了。

综上所述，延长组 7 段页岩有生油高峰期早，但排烃效率增长滞后的特点。这也间接证明了 $R_o < 1.0\%$ 的中国陆相低成熟度页岩滞留了大量的重质油，原位转化的资源前景非常广阔。通过原位转化技术将重质油加热，从而提高其品质、增加气油比，进一步使生成的轻质油被采出是非常具有资源前景的。另外，从排出油的组成来看，在排烃的过程中，优先排出 $C_6 \sim C_{14}$ 组分（见图 2-8（d））、正构烷烃（见图 2-9）、C_{15+} 的饱和烃和芳香烃组分（见图 2-16（a）和（d）），这进一步证明，利用原位转化技术可以更高效地实现中国中低成熟度页岩油的开采。

2.3.3.2 热解过程中页岩油可开采性评价指数

分析可以看出，在生油窗范围内，有机质的吸附作用等因素导致很大一部分油被锁住形成滞留烃（Jarvie，2014），这部分滞留烃在继续加热时会转化成油质更轻、气油比更高的产物，从而被开采出来。因此，可借鉴非常规页岩油可开采性评价方法评价页岩在原位转化过程中的可开采性。

A REPI 指数

目前用于表征非常规页岩油可开采程度的方法主要有热解（Rock-Eval）S_1 法和溶剂抽提法（Jarvie，2014；Abrams et al.，2017）。热解 S_1 法认为，当页岩的 $100 \times S_1/\mathrm{TOC} > 100$ mg/g 时，页岩层系就有开采价值（Jarvie，2012）。但是，这种方法是有缺陷的，首先 Rock-Eval 的热解程序中，S_1 主要检测到的是挥发点在 300 ℃以下的游离油（Behar et al.，2001），是介于 C_{14} ~ C_{18} 的轻质烃类，一些重质的可采出的游离烃在较高的温度下才会挥发，不出现在 S_1 的检测范围内；而且受取样后压力突然降低、样品前处理、样品制备等因素影响，轻烃蒸发损失非常严重（蒋启贵 等，2016；Jarvie，2012，2014；Abrams et al.，2017）。此外，100 mg/g 是北美海相页岩的统计经验值，而延长组 7 段页岩是典型的湖相页岩，两者地质特征差异较大，这个经验值不一定适用。溶剂抽提法利用有机溶剂，可以将大部分生成的产物提取出来，既包括游离油也包括吸附油，既包括轻烃也包括重烃和非烃，但并不是所有抽提物都是可流动的、可以开采的，因此可抽提物的量并不能代表可开采的量，需要将含油饱和度、滞留油族组分特征及流动性等地质因素综合考虑在内。

为了剖析 Rock-Eval 热解过程中不同温度区间释放烃类的具体组成，蒋启贵等人（2016）对页岩样品进行了二氯甲烷萃取前、后的 Rock-Eval 分析，升温程序和所得产物如下：200 ℃恒温 1 min 得到 $S_{1\text{-}1}$，25 ℃/min 升温至 350 ℃并恒温 1 min 得到 $S_{1\text{-}2}$，再以 25 ℃/min 升温至 450 ℃并恒温 1 min 得到 $S_{2\text{-}1}$，最后以 25 ℃/min 升温至 600 ℃得到 $S_{2\text{-}2}$。结果表明，用二氯甲烷可以萃取出 96.04% 的 $S_{1\text{-}1}$ 和 95.89% 的 $S_{1\text{-}2}$，代表了大部分非极性和极性较弱的化合物；也可以萃取出 50.51% 的 $S_{2\text{-}1}$，代表重烃和极性较强的以吸附状态存在的胶质和沥青质化合物，而 $S_{2\text{-}2}$（干酪根热解生烃组分）很少被萃取出来。与原油的色谱特征对比发现，$S_{1\text{-}1}$ 和 $S_{1\text{-}2}$ 代表了可开采的陆相原油组分。因此，可以看出利用二氯甲烷可以萃取出大部分可以开采的部分，但同时也萃取出了重质的、较难开采的胶质和沥青质部分（蒋启贵 等，2016）。

受研究结果的启发（蒋启贵 等，2016），本研究提出一个新的指数：REPI（Rock-Eval and extraction-based production index），可用其评价页岩中滞留油的可开采性，它由滞留油的组分特征和 DCM 抽提后残渣的 Rock-Eval 参数共同控制，优点是将滞留油的组分特征考虑在内，可以对可开采部分和不可开采部分进行区分，更精确地表征页岩的可开采程度。本研究实验中的滞留油包含：轻烃 C_6 ~ C_{14}、C_{15+} 饱和烃、C_{15+} 芳香烃、C_{15+} 胶质、C_{15+} 沥青质，根据蒋启贵等人的实验结果，可开采的部分近似为轻烃 C_6 ~ C_{14}、C_{15+} 饱和烃、C_{15+} 芳香烃，并把其归入残渣热解 S_1 部分；为了区分，将其定义为 S_{1E}；剩下较难开采的部分是 C_{15+} 胶质、C_{15+} 沥青质，将其归入残渣热解 S_2 部分，同样为了区分，将其定义为 S_{2E}。那么 REPI 为

$$\text{REPI}=\frac{S_{1E}}{S_{1E}+S_{2E}}=\frac{S_1+S_{C_6\sim C_{14}}+S_{C_{15+}\text{饱和烃}}+S_{C_{15+}\text{芳香烃}}}{S_1+S_{C_6\sim C_{14}}+S_{C_{15+}\text{饱和烃}}+S_{C_{15+}\text{芳香烃}}+S_2+S_{C_{15+}\text{胶质}}+S_{C_{15+}\text{沥青质}}} \tag{2-7}$$

式中，S_1、S_2 为残渣用 DCM 抽提后的热解参数，mg/g；$S_{C_6\sim C_{14}}$ 为滞留油中 C_6 ~

C_{14}的累积产量；$S_{C_{15+}饱和烃}$、$S_{C_{15+}芳香烃}$、$S_{C_{15+}胶质}$、$S_{C_{15+}沥青质}$分别为C_{15+}饱和烃、C_{15+}芳香烃、C_{15+}胶质、C_{15+}沥青质组分的产量，且族组分的量均归一化到mg/g。

如图2-24所示，在滞留窗早期300～360 ℃（实测R_o为0.55%～0.73%）时，虽然干酪根已经进入大量生烃阶段，且滞留油的量也在增加，但是REPI保持在相对低值范围（0.031～0.063），这是因为滞留下来的多是胶质和沥青质，较难开采。360 ℃（实测R_o为0.79%）以后，REPI迅速增加直至生油窗结束（400 ℃，实测R_o为1.24%），这个阶段是沥青和油大量裂解阶段，将重质的烃类化合物转化成轻质油或湿气（见图2-23），增加了页岩储层中油的可流动性，自然可开采指数变大。重烃气开始裂解（实测R_o为1.24%）时，REPI开始减小，这是由于烃源岩的演化已经进入高过成熟阶段，意味着大量的轻烃和湿气的二次裂解，排烃效率继续快速升高（见图2-23），大量的烃类已经排出页岩体系，滞留油已经相当少，自然导致开采指数变小。

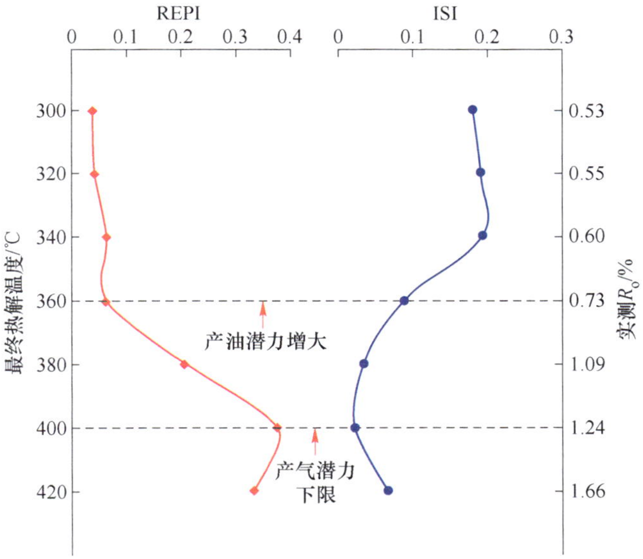

图2-24　延长组7段页岩的REPI指数和ISI指数随热成熟度演化的变化特征

REPI是否可靠可以由滞留油的组分特征进行验证。自然条件下可以开采的基本都是可流动的油（Jarvie，2012），在油的族组分中，饱和烃和芳香烃的流动性较强，而胶质和沥青质组分容易被有机质吸附，因此一些学者提出（饱和烃+芳香烃）/（胶质+沥青质）的值可以评估油的可流动性（Sandvik，1992；Abrams et al.，2017）。由图2-23可以看出，在滞留窗前半段（360 ℃，实测R_o为0.73%之前），该值持续减小，说明生成的产物很容易被吸附而较难排出，从滞留窗后半段开始（360 ℃，实测 R_o 为0.73%之后），该值变大，生成的产物偏向于游离态，该值变大，（饱和烃 + 芳香烃）/（胶质 + 沥青质）出现拐点的地方（360 ℃，实测 R_o 为0.73%）和 REPI 一致。

B　ISI 指数

值得注意的是，表2-3 中显示残渣在用 DCM 抽提后测得的 Rock-Eval 热解 S_1 不等于零，而且其随热成熟度的增加先变大后变小，拐点在 340 ℃。理论上来讲，热解 S_1 主要由游离态油气组成，如果全部暴露在溶剂中，应该能全部被萃取出来。然而，如果油气处于孤立的微孔中或被大分子干酪根包络，那么其与溶剂接触能力受限，就很难被萃取出来（Li et al.，2018；蒋启贵 等，2016）。在本研究的实验中，随着热成熟度的增加，压实作用、沥青的堵塞作用、结焦反应等都会使原始样品中独立存在的颗粒黏结在一起，捣碎后（粗碎）残渣的粒度与原始样品相比只会变大。在进行 Rock-Eval 实验时，残渣再次被碎样机粉碎（细碎）至0.125 mm（120 目）以上，因此粗碎后大颗粒中的油气在细碎的过程中会被释放出来，从而在 Rock-Eval 热解 S_1 中显示出来。

Li 等人（2018）将残渣抽提后残渣的热解 S_1 解释为源岩中已经存在的碳氢化合物，但是处于孤立的孔隙中，并指出这一部分应包括在总生成油中。这样看来，本研究的滞留油应该包括 Rock-Eval 热解 S_1 和 DCM 抽提物两部分，那么利用 S_1 与总生成油之间的比例关系可以建立一个孤立指数（isolation index，ISI），用它近似指示页岩孔隙的孤立程度。该指数越大，说明孤立油的比例越大，页岩中存在于孤立孔隙或被干酪根大分子包络的油越多，越难被开采；相反，指数越小，说明油和外界的接触面积越大，开采潜力越大。

$$ISI = \frac{S_1}{S_1 + S_{滞留油}} \tag{2-8}$$

式中，S_1 为抽提后残渣的热解指数，mg/g；$S_{滞留油}$ 为 DCM 抽提出的滞留油量，mg/g。

从 ISI 随成熟度演化的趋势来看（见图2-24），生烃初期 300～340 ℃（实测 R_o 为0.5%～0.6%），该指数变化很小，这个时期干酪根生烃强度不大，烃源岩内的孔隙大部分是原生孔隙，结构变化不明显。340 ℃（实测 R_o 为0.6%）后，ISI 迅速下降，说明抽提后页岩体系内连通性较好。这与大规模生烃和排烃有关，干酪根裂解生成沥青和油气、沥青二次裂解、油的二次裂解生成轻烃和湿气，都会产生新的次生孔隙（Guo et al.，2017；郭慧娟，2017），孔隙之间的连通概率自然变大；而且，大量的产物排出也容易形成裂缝和直径较大的孔隙，有助于使原本相互封闭的孔隙连通起来（Jarvie et al.，2007；Loucks et al.，2014；Sun et al.，2015）。与 REPI 一致的是，400 ℃后 ISI 开始上升，代表孔隙连通性开始下降，这是因为烃源岩已经进入高过成熟的演化阶段，虽然烃类气体继续生成可以继续产生新的孔隙，但是轻烃和重烃气裂解的同时也伴随着产生大量的不溶于DCM 的焦（见图 2-25(a))(Ungerer，1988；Horsfield et al.，1992；Schenk et al.，1997)，这种物质像水泥一样填充在孔隙中间并将其堵塞（Camp，2015)。实际上，在实验过程中 420 ℃热解的成功率是非常低的，因为高压釜和收集装置之间的排油管道经常被生成的焦堵塞，图 2-25(b) 展示的是实验后，将装置拆卸时用温度高达 1000 ℃的酒精喷灯加热管道烧出来的焦炭。

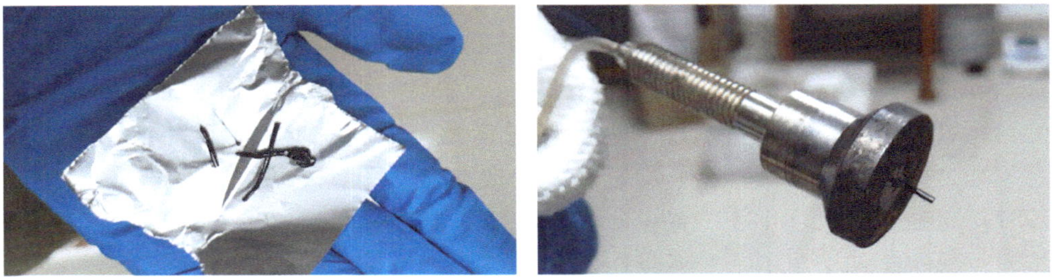

(a)　(b)

图 2-25　高温热模拟时生成的焦炭堵塞排油管道

综合 REPI 和 ISI 的变化特征来看，实测 R_o 为 1.24% 之前页岩油的可开采性逐渐提高，而且孔隙的连通性逐渐变好。实测 R_o 为 1.24% 之后，随着滞留油大量二次裂解，排烃效率迅速升高，页岩中可开采的油逐渐减少，而且后期的结焦反应导致孔隙之间的连通性变差。因此在原位转化过程中，应将延长组 7 段页岩加热到成熟度大于 1.24%（实测 R_o)，这一结果与产物的变化特征（见图 2-24）得出的结论相互印证。

2.4　延长组 7 段页岩干酪根结构演化特征

在低成熟度的页岩中，大部分有机质以干酪根的形式存在，而干酪根生成油气的数量和质量取决于干酪根的化学结构（碳骨架的构成方式、官能团类型、官能团连接方式）及热解过程中的断键顺序等（Miknis et al.，1982；Miknis et al.，1986；Burnham et al.，1989，1996，2018；Burnham，2017；Solum et al.，2014；Lai et al.，2017)，因此干酪根的化学结构及裂解方式是深刻认识生烃反应规律及研究生烃动力学的基础。

目前已经发展成熟许多结构表征技术，用于表征干酪根的化学结构及演化过程，包括：傅里叶红外光谱（FT-IR）技术、固态^{13}C 核磁共振（^{13}C NMR）技术、X 射线光电子能谱（XPS）技术、X 射线吸收近边结构（XANES）技术。Kelemen 等人将 XPS、NMR 和 XANES 相结合，表征了具有不同类型和不同热成熟度的干酪根的结构（Kelemen et al.，2007）；Pomerantz 对以上应用做了综述（Pomerantz，2016）。在这些技术中，^{13}C NMR 和 FT-IR 技术应用最广泛。傅里叶红外光谱技术可以提供包括碳、氢和氧等不同官能团的相对丰度的信息（Painter et al.，1981；Wang et al.，1985；Ganz et al.，1987；Lin et al.，1993；Iglesias et al.，1995；Lis et al.，2005；Tong et al.，2011；Chen et al.，2012；Craddock et al.，2015，2018）。固态^{13}C 核磁波谱技术能够揭示芳香族碳、脂肪族碳等化学键的连接方式和相对丰度信息（Witte et al.，1988；Mao et al.，2004；Wei et al.，2005；Kelemen et al.，2007；Mao et al.，2010；Fletcher et al.，2014；Tong et al.，2016；Gao et al.，2017；Huang et al.，2018）。此外，通过编辑特定的目标官能团，还可以计算出一些半定量参数，以进一步揭示干酪根的结构信息，如芳碳率（芳香度）、平均链长、分支化程度和缩合度等（Painter et al.，1981；Wang et al.，1985；Ganz et al.，1987；Lin et al.，1993；Kelemen et al.，2007；Mao et al.，2010；Fletcher et al.，2014；Craddock et al.，2015）。

本研究对原始未加热和热解后的岩石和干酪根进行了综合分析，包括元素分析、Rock-Eval、FT-IR 和 ^{13}C NMR，将分析结果与油气产物的产量和组成特征相结合，对延长组 7 段干酪根的原始结构及其随热成熟度升高的演化过程进行剖析讨论。

2.4.1　基础地球化学参数变化特征

三氯甲烷抽提后残渣的地化参数列于表 2-10 中。在表中，TOC 测量的是三氯甲烷抽提后的岩石热解残渣，由于抽提后的样品几乎不含可溶有机物，因此得到的 TOC 含量可代表干酪根的有机碳含量。S_1、S_2 和 T_{max} 也是经三氯甲烷抽提的岩石热解残渣的 Rock-Eval 测量值。

表 2-10　三氯甲烷抽提后残渣的 TOC、Rock-Eval 热解参数及干酪根元素含量

样品	最终热解温度①/℃	测量 R_o②/%	TOC 含量③/%	岩石热解④				元素分析（质量分数）	
				S_1/mg · g^{-1}	S_2/mg · g^{-1}	T_{max}/℃	HI/mg · g^{-1}	C 含量/%	H 含量/%
HJF-0⑤	未加热	0.53	26.07	0.7	91.8	437	352.1	52.8	6.0
HJF-1	300	0.53	26.15	0.5	104.5	436	399.6	54.1	5.6
HJF-2	320	0.55	25.48	1.3	97.0	439	380.7	54.9	5.5
HJF-3	340	0.60	24.53	0.5	87.5	440	356.8	56.1	5.4
HJF-4	360	0.73	22.18	0.3	72.9	443	328.7	53.7	4.7
HJF-5	380	1.09	21.73	1.2	38.4	449	176.7	53.2	4.6
HJF-6	400	1.24	19.43	0.6	11.7	452	60.4	52.5	4.0

续表 2-10

样品	最终热解温度①/℃	测量 R_o②/%	TOC 含量③/%	岩石热解④				元素分析（质量分数）	
				S_1 /mg · g^{-1}	S_2 /mg · g^{-1}	T_{max} /℃	HI /mg · g^{-1}	C 含量 /%	H 含量 /%
HJF-7	420	1. 66	20. 58	0. 8	4. 9	536	24. 0	59. 6	3. 5

① 页岩未用有机溶剂抽提；

② 热解后页岩在用 DCM 抽提后的地球化学参数；

③ 原始页岩和热解后页岩在用三氯甲烷抽提后的地球化学参数，在 Rock-Eval 分析过程中，由于样品的 TOC 高，测试样品量逐渐减少，以避免 FID 检测器过饱和；

④ 分离的干酪根的地球化学参数，由于样品中黄铁矿含量较高，因此 C 含量小于 70%；

⑤ 原始未热解样品的 TOC、Rock-Eval、元素分析结果用于对比研究。

C、H、S 分析是在干酪根上分析的，S 含量是指干酪根中有机硫和无机硫含量之和。为了方便对比，还用三氯甲烷对原始未热解岩石进行了抽提，然后进行 TOC 和 Rock-Eval 分析。应该指出的是，高质量干酪根中的 C 含量应在 70% 左右，而本研究中的 C 含量低于标准值，这是由高浓度的 S 造成的，因为本研究的原始样品中黄铁矿的含量较高，制备干酪根时未能除去黄铁矿。

H/C 随着热成熟度的增加而持续降低（见图 2-26（a））。S_2 和 HI 随着最终

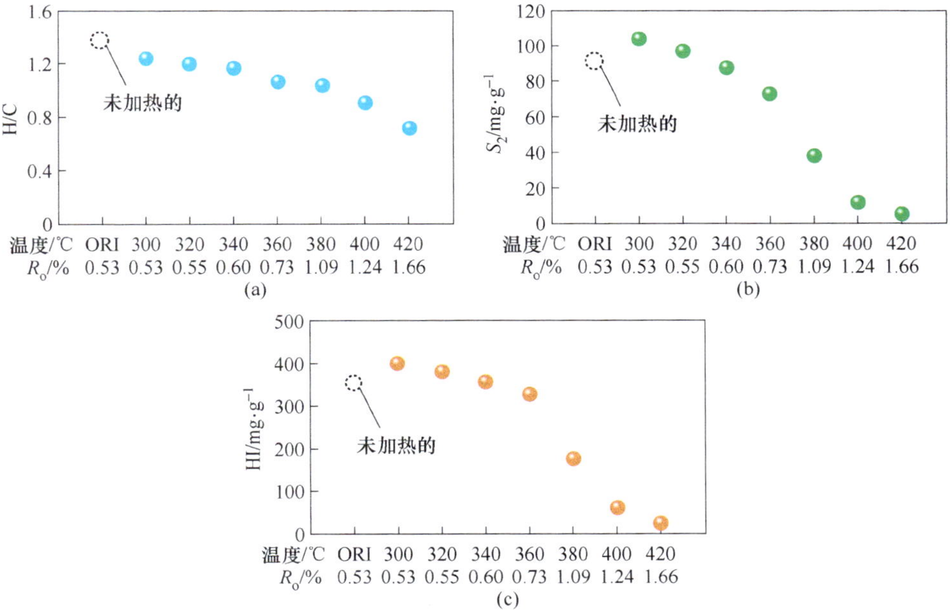

图 2-26　随最终热解温度升高延长组 7 段页岩的地球化学参数变化特征

（a）H/C，元素分析在分离的干酪根上进行；（b）热解残渣用三氯甲烷抽提后的热解生烃潜力 S_2；（c）热解残渣用三氯甲烷抽提后的氢指数 HI

（在本图及接下来的图形中，原始未加热的页岩或干酪根的参数均用虚线圈表示）

热解温度的升高表现出阶段性变化特征（见图2-26（b）和（c））：在300～360 ℃阶段缓慢下降，360 ℃之后迅速下降。干酪根的这种变化与总生成油的变化特征相符合（见图2-8（e）），总生成油在360～380 ℃阶段表现出陡增的趋势。

2.4.2　傅里叶红外光谱变化特征

傅里叶红外光谱分析是有机化合物结构鉴定中的一个重要手段，在结构分析，特别是官能团的鉴定方面发挥着重要作用（廖泽文 等，2001）。红外光谱中，吸收带的位置反映干酪根中各官能团的原子组成、键合情况及其振动性质，红外光谱的谱峰吸收强度反映官能团的相对丰度（Painter et al.，1981）。

2.4.2.1　傅里叶红外光谱特征吸收峰的官能团归属

图2-27是延长组7段页岩干酪根的红外光谱随热解温度升高的特征。光谱显

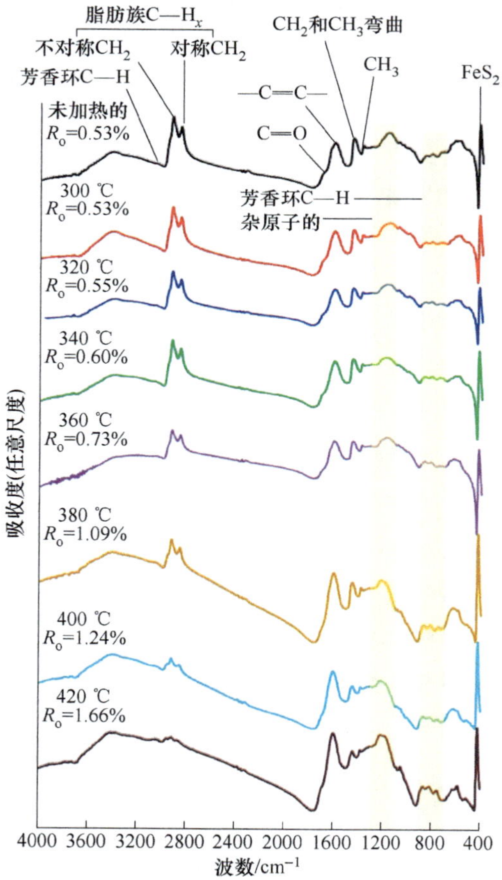

图2-27　延长组7段页岩干酪根的红外光谱随最终热解温度升高的变化特征
（关键官能团对应的吸收带范围划定据Painter et al.，1981；Wang et al.，1985；Ganz et al.，1987；Lin et al.，1993；Craddock et al.，2015）

示两个突出区域：1500 ~ 1750 cm^{-1}和 2820 ~ 3000 cm^{-1}。根据早期研究结果（Painter et al.，1981；Wang et al.，1985；Ganz et al.，1987；Lin et al.，1993；Lis et al.，2005；Tong et al.，2011；Craddock et al.，2015），吸收带1500 ~ 1750 cm^{-1}代表芳香环和含氧官能团振动的重合区域，而2820 ~ 3000 cm^{-1}代表脂肪族 C—H_x 的伸缩振动区域。这两个区域包含许多官能团，多个官能团的特征峰很容易重叠，因此需要进行分峰拟合。

分峰拟合工作在 Peakfit（Peakfit v4.12）软件上进行。在拟合过程中，通过连接红外光谱曲线最左端和最右端二阶导数为零点的直线进行基线调整，光谱吸收区域内官能团的数目和特定位置由曲线的二阶导数确定，拟合曲线时采用高斯函数。图2-28是360 ℃热解后干酪根红外光谱在1500 ~ 1750 cm^{-1}和2820 ~ 3000 cm^{-1}区域间的拟合结果。其余官能团的吸收位置见图2-27和表2-11。将脂肪族区域2820 ~ 3000 cm^{-1}拟合出5个吸收峰：2850 cm^{-1}为—CH_2—的对称振动吸收峰，2874 cm^{-1}为—CH_3—的对称振动吸收峰，2899 cm^{-1}为—CH—的伸缩振动吸收峰，2923 cm^{-1}为—CH_2—的反对称振动吸收峰，2953 cm^{-1}为—CH_3—的反对称振动吸收峰。将芳香族区域1500 ~ 1750 cm^{-1}拟合出4个吸收峰：1556 cm^{-1}为羧基(—COO)的振动吸收峰，1595 cm^{-1}为芳香环 C═C 的振动吸收峰，1632 cm^{-1}为芳香环 C═C 的振动吸收峰，1690 cm^{-1}为羧基(—COO)或羰基(—C═O)的振动吸收峰。

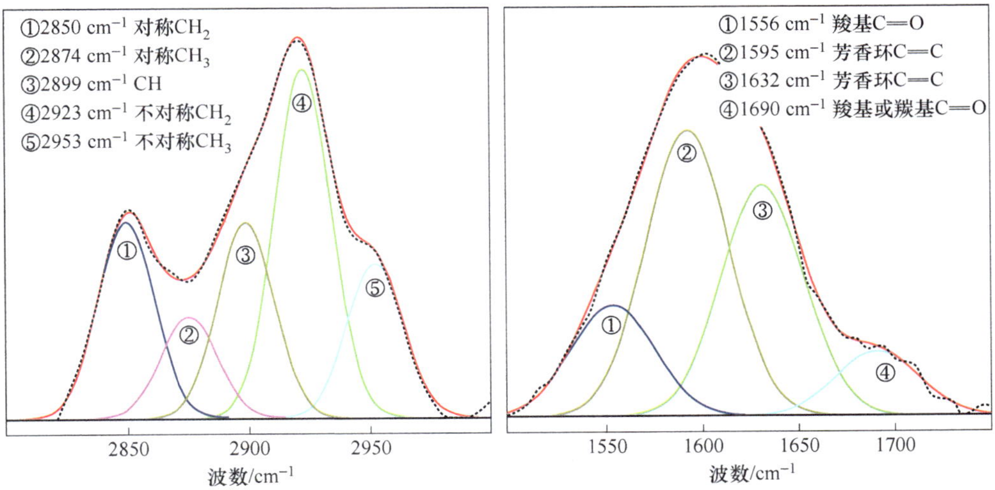

图2-28 360 ℃热解后干酪根在2820 ~ 3000 cm^{-1}和1500 ~ 1750 cm^{-1}吸收光谱的分峰拟合结果

（以360 ℃（实测 R_o 为0.73%）的红外光谱为例，黑色虚线代表原始光谱，红色实线代表拟合后的光谱，其他颜色的实线代表拟合出的各种官能团的曲线）

表 2-11　红外光谱中不同官能团对应的吸收峰位置

峰中心的波数/cm^{-1}	对应官能团
440	黄铁矿
700~900	芳香环 C—H
1100~1300	杂原子官能团
1372	对称 CH_3
1452	不对称 CH_3 和 CH_2 团
1500~1750	芳香环 C═C 和含氧官能团
1556	羧基—COO
1595	芳香环 C═C 伸缩
1632	芳香环 C═C 伸缩
1690	羧基/羰基 C═O 伸缩
2820~3000	脂肪族 C—H_x 伸缩
2850	对称 CH_2 伸缩
2874	对称 CH_3 伸缩
2899	CH 伸缩
2923	不对称 CH_2 伸缩
2953	不对称 CH_3 伸缩
3100	芳香环 C—H

注：红外光吸收峰的官能团归属据参考文献 Painter et al.，1981；Wang et al.，1985；Ganz et al.，1987；Lin et al.，1993；Craddock et al.，2015。

2.4.2.2　红外光谱的半定量参数

根据2820~3000 cm^{-1}和1500~1750 cm^{-1}两个吸收峰范围内的分峰拟合结果，还可以建立一些半定量参数，用于定性评价干酪根中特定结构信息的变化特征（Painter et al.，1981；Wang et al.，1985；Ganz et al.，1987；Lin et al.，1993；Iglesias et al.，1995；Chen et al.，2012；Craddock et al.，2015）。本研究采用以下几个参数：（1）CH_3/CH_2，与脂肪族侧链的分支化程度成正比，和（或）与脂肪链的长度成反比；（2）A因子，反映了脂肪族碳和芳香环碳的相对丰度，可以用于评价干酪根的生烃潜力；（3）C因子，表示连接到芳香环的含氧官能团的相对丰度。这些指数的计算方法见表2-12，在计算过程中，使用的是每个官能团所对应高斯拟合曲线的峰面积（Lin et al.，1993；Craddock et al.，2015）。

表 2-12　红外光谱中半定量参数的计算方法

参数	描　述	计算方法
CH_3/CH_2	脂肪族 CH_3/脂肪族 CH_2	I_{2954}/I_{2923}
A 因子	脂肪族 CH_2/(脂肪族 CH_2 + 芳香环 C═C)	$(I_{2849}+I_{2923})/(I_{2849}+I_{2923}+I_{1632}+I_{1959})$
C 因子	C═O/(C═O + 芳香环 C═C)	$I_{1690}/(I_{1690}+I_{1632}+I_{1959})$

注：I 代表拟合曲线的积分面积，其参数意义及计算方法据参考文献 Painter et al.，1981；Wang et al.，1985；Ganz et al.，1987；Lin et al.，1993；Craddock et al.，2015。

2.4.2.3　干酪根官能团随热成熟度变化特征

延长组 7 段页岩干酪根的红外光谱随热成熟度的升高呈现的变化趋势，如图 2-27 所示。C═O（1695 cm^{-1}）伸缩振动首先随着热成熟度的升高而降低，然后在成熟度最高的两个干酪根中稍微增加，说明干酪根在演化过程中首先消耗含氧官能团，在高成熟度时再富集含氧官能团。脂肪族侧链 C—H_x（2820～3000 cm^{-1}）和芳香环 C═C（1595 cm^{-1}和 1632 cm^{-1}）的吸收峰变化在 340 ℃处有一个分界点，在此之前两个基团的相对强度基本保持不变，340 ℃之后脂肪族基团的强度相对于芳香环 C═C 基团的强度急剧下降，特别是在 360 ℃之后变得非常明显，脂肪族基团相对于芳香环 C═C 的降低指示脂肪族碳链的消耗与芳香环的富集。3100 cm^{-1}处的芳香环 C—H 伸缩振动在 360 ℃之前几乎分辨不出，之后才逐渐变得非常明显；700～900 cm^{-1}处的芳香环 C—H 的变形振动在 360 ℃之前几乎没有变化，在 360 ℃之后吸收峰的强度突然增加。3100 cm^{-1}处和 700～900 cm^{-1}处吸收峰位置对应的芳香环 C—H 的显现均说明，干酪根的演化是逐渐富集芳香族碳的。芳香环 C—H 基团的逐渐显现与脂肪族 C—H_x 基团的大量减少相吻合，并且与先前研究的 Green River 干酪根一致（Craddock et al.，2015）。

图 2-29 为红外光谱的半定量参数随最终热解温度和热成熟度增加的变化特征。CH_3/CH_2（见图 2-29（a））在 360 ℃之前保持相对不变，在 360 ℃之后上升，CH_3/CH_2 上升指示脂肪族链的大量消耗使脂肪族链链长变短。A 因子（见图 2-29（b））与 S_2 和 HI 非常相似（见图 2-26），也呈现阶段性变化的特征，在 340 ℃之前变化不明显，340 ℃之后迅速下降。这种变化也说明干酪根在 340 ℃之后裂解生烃更加剧烈，也更好地解释了图 2-27 中脂肪族 C—H_x 基团和芳香环 C═C 基团的绝对吸收强度的变化特征，说明干酪根中脂肪族官能团的比例迅速降低，芳香族官能团的比例迅速上升，干酪根的反应是逐渐富集芳香碳的过程。C 因子（见图 2-29（c））首先呈现下降的趋势，但是在两个最成熟的干酪根中（400 ℃和 420 ℃）重新开始增长，说明干酪根的芳香环先脱氧，后富集氧。

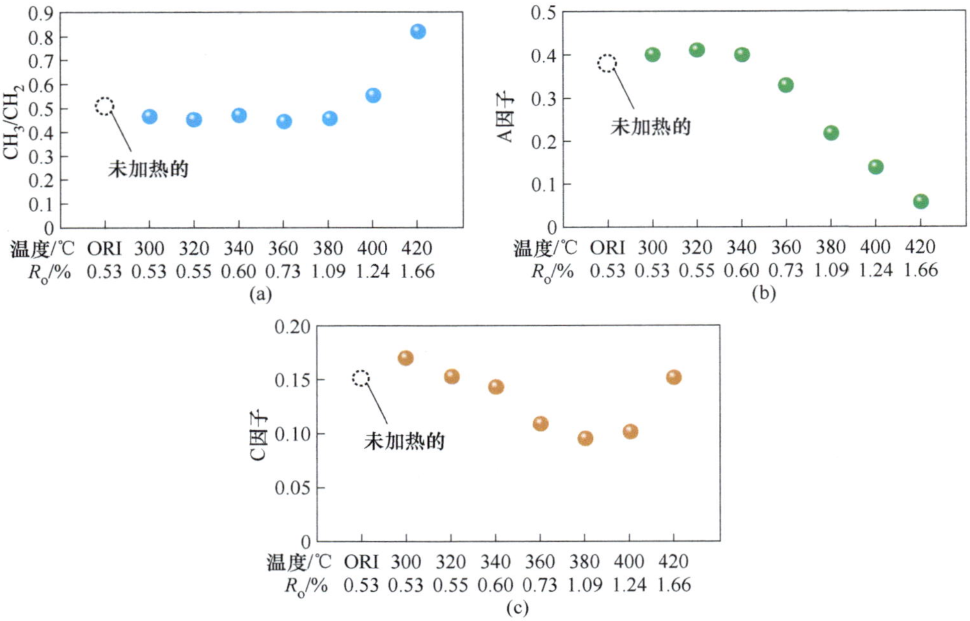

图 2-29　红外光谱的半定量参数随热成熟度的变化特征

(a) CH_3/CH_2，反映脂肪族碳链的长度和分支化程度；(b) A 因子，反映芳香环上连接的脂肪族碳的相对丰度；(c) C 因子，反映芳香环上连接的含氧官能团的相对丰度

2.4.3　固体^{13}C 核磁共振

核磁共振对有机质的碳结构骨架可以进行很好的定性和定量分析。在核磁共振谱图中，共振峰的不同化学位移代表不同的碳骨架结构，共振峰的强度代表碳骨架的相对丰度。

2.4.3.1　核磁共振谱图解析

原始干酪根和热解后干酪根的核磁共振谱图如图 2-30 所示，其中较为明显的特征峰在图中和注释中已经标注出。共振谱图中 30×10^{-6}左右的强共振信号与红外光谱中 2923 cm^{-1}和 2954 cm^{-1}处的 CH_2 拉伸振动一致，代表干酪根中的脂肪族结构；128×10^{-6}左右的强信号与红外光谱中 1595 cm^{-1}和 1632 cm^{-1}处的芳香环伸缩振动一致（见图 2-27），代表干酪根中的芳香族结构。核磁谱图中的碳骨架通常分为以下四类：脂肪族碳（Fali）、芳香族碳（Faro）、羧基碳（COO）和羰基碳（C═O），其对应的化学位移分别为 6×10^{-6} ~ 95×10^{-6}、95×10^{-6} ~ 165×10^{-6}、165×10^{-6} ~ 192×10^{-6}和 192×10^{-6} ~ 220×10^{-6}（Mao et al.，2004；Wei et al.，2005；Kelemen et al.，2007；Mao et al.，2010；Tong et al.，2016；Gao et al.，2017；Huang et al.，2018）。

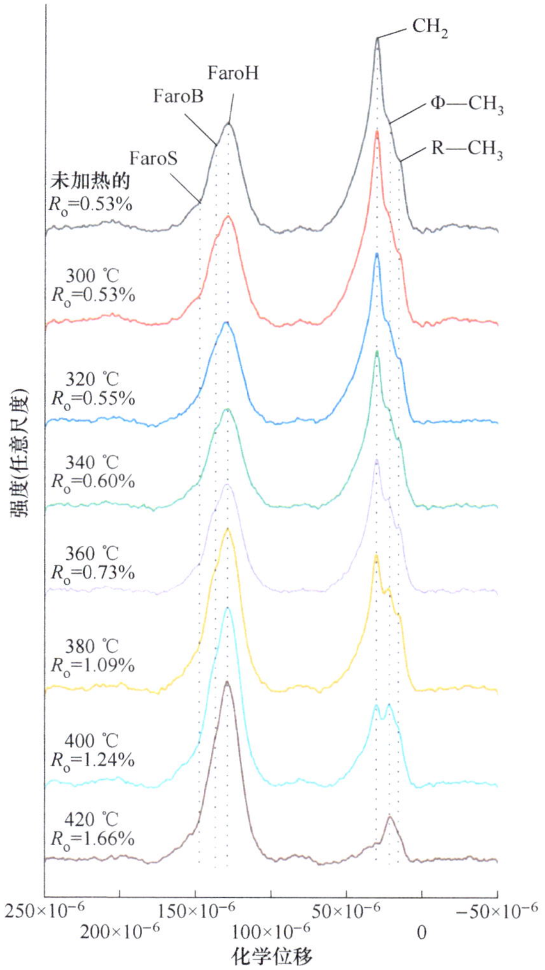

图 2-30 原始干酪根和热解后干酪根的核磁共振谱图

（主要碳骨架对应的化学位移解释据参考文献 Mao et al.，2004；Wei et al.，2005；Kelemen et al.，2007；Mao et al.，2010；Tong et al.，2016；Gao et al.，2017；Huang et al.，2018）

另外，芳香族区域和脂肪族区域可以进一步细分为特定的碳骨架，详细的结构归属汇总于表 2-13 中。芳香族碳中的碳结构划分通过直接切峰获得，而脂肪族碳区域的碳结构划分（$0 \sim 65 \times 10^{-6}$）通过曲线的分峰拟合得出，核磁谱图的分峰拟合方法与红外光谱分峰拟合的方法一致。通过计算核磁谱图中特定碳骨架共振峰的峰面积，可以获得各个碳骨架的相对丰度，结果见表 2-14。

表 2-13　核磁共振谱图中化学位移的结构归属

碳官能及其缩写	记号（结构图解）	化学位移	结构图解
脂肪族甲基碳（R—CH_3）	①	$(8 \sim 18) \times 10^{-6}$	
与芳香环相连的甲基碳（Φ—CH_3）	②	$(18 \sim 26) \times 10^{-6}$	
亚甲基碳（CH_2）	③	$(26 \sim 34) \times 10^{-6}$	
叔碳（CH）	④	$(34 \sim 50) \times 10^{-6}$	
季碳（C）	⑤	$(50 \sim 65) \times 10^{-6}$	
氧-烷基	⑥	$(65 \sim 95) \times 10^{-6}$	
质子化芳香碳（FaroH）	⑦	$(95 \sim 128) \times 10^{-6}$	
桥头芳香碳（FaroB）	⑧	$(128 \sim 135) \times 10^{-6}$	
分支芳香碳（FaroS）	⑨	$(135 \sim 148) \times 10^{-6}$	
极性芳香碳（FaroP）	⑩	$(148 \sim 165) \times 10^{-6}$	
羧基碳（COO）	⑪	$(165 \sim 192) \times 10^{-6}$	
羰基碳 （C=O）	⑫	$(192 \sim 220) \times 10^{-6}$	

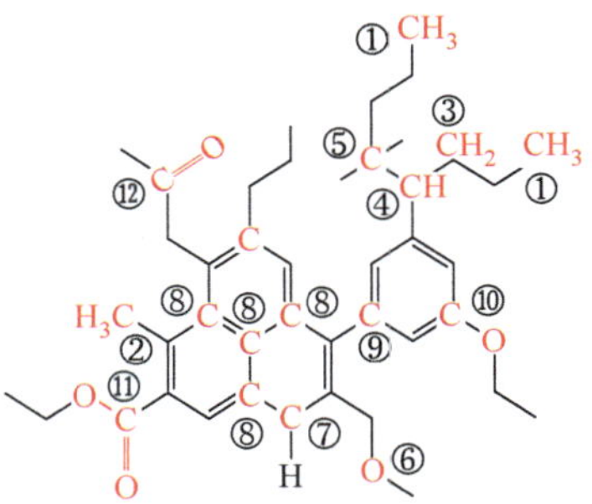

表 2-14　干酪根中各种碳骨架的相对丰度随热成熟度的演化特征

样品编号	T①/℃	R_o/%	相对丰度/%											
			Fali						Faro				羧基	羰基
			$(0 \sim 19) \times 10^{-6}$	$(19 \sim 26) \times 10^{-6}$	$(26 \sim 34) \times 10^{-6}$	$(34 \sim 50) \times 10^{-6}$	$(50 \sim 65) \times 10^{-6}$	$(65 \sim 95) \times 10^{-6}$	$(95 \sim 128) \times 10^{-6}$	$(128 \sim 135) \times 10^{-6}$	$(135 \sim 148) \times 10^{-6}$	$(148 \sim 165) \times 10^{-6}$	$(165 \sim 192) \times 10^{-6}$	$(192 \sim 220) \times 10^{-6}$
			非极性甲基					O—烷基	FaroH	FaroB	FaroS	FaroP	—COO	—C=O
			R—CH_3	Φ—CH_3	CH_2	CH	C							
HJF-0		0.53	6.2	9.8	18.9	14.6	2.6	6.9	18.3	9.2	8.4	3.1	0.9	1.3
HJF-1	300	0.53	6.9	10.8	21.0	14.7	2.2	1.4	15.9	10.3	9.2	3.3	1.1	3.3
HJF-2	320	0.55	6.8	10.6	19.9	14.2	2.4	2.5	15.6	10.5	9.8	3.6	1.3	2.8
HJF-3	340	0.6	7.3	11.1	19.2	12.4	1.7	2.3	17.7	10.6	9.7	3.8	1.4	2.9
HJF-4	360	0.73	7.3	10.8	16.9	10.9	1.8	2.0	19.7	12.0	10.9	3.8	1.3	2.6
HJF-5	380	1.09	7.1	9.9	8.3	8.3	1.3	2.2	21.7	14.0	12.8	4.9	1.4	2.8
HJF-6	400	1.24	5.4	8.7	6.2	6.2	1.0	2.1	26.2	17.3	14.7	5.3	1.1	2.8
HJF-7	420	1.66	3.4	6.6	3.0	3.0	0.2	2.9	32.2	20.9	16.9	6.2	2.0	3.1

① 最终热解温度；各种碳骨架的详细解释参考表 2-13。

2.4.3.2　核磁共振的半定量参数

与红外光谱类似，在核磁共振谱图中基于每个碳骨架的相对丰度，也可以得出一些定性的参数。在本研究中使用的参数包括：（1）$C_{n'}$，代表连接到芳核的侧链的平均长度和（或）连接到两个芳香核的脂肪族链长度的一半，由脂肪族碳（Fali）除以侧枝芳香碳（FaroS）计算得出；（2）$X_{edge,min}$，芳香环边缘的最小碳数，通过质子化芳香碳与氧取代芳香碳相对丰度之和除以总芳香族碳相对丰度计算得出；（3）X_{bp}，表示桥头芳香碳相对丰度与芳香族外围碳（质子化芳香碳、侧枝芳香碳和氧取代芳香碳相对丰度之和）的比例（Kelemen et al.，2007；Mao et al.，2010；Fletcher et al.，2014；Gao et al.，2017；Huang et al.，2018）。X_{bp}和$X_{edge,min}$都指示芳香核的大小。

2.4.3.3　干酪根碳骨架随热成熟度的变化特征

核磁波谱显示（见图 2-30），随着热成熟度的增加，脂肪族碳（$6\times10^{-6}\sim95\times10^{-6}$）的强度相对于芳香族碳（$95\times10^{-6}\sim165\times10^{-6}$）的强度显示出下降的趋势。从最高峰的信号强度来看，脂肪族碳的信号强度在 380 ℃之前较高，而在 380 ℃之后迅速降低，并被芳香族碳的信号峰超过，这与红外波谱中脂肪族侧链和芳香环 C═C 的变化趋势相一致，同样说明干酪根生烃过程中最明显的变化是脂肪族碳的消耗与芳香族碳的富集。在非极性脂肪族碳区域中，亚甲基碳（CH_2）最初占主导地位，其次是芳环甲基碳（$\Phi—CH_3$），然后是脂肪族甲基碳（$R—CH_3$）。随着反应过程中脂肪族链的脱落，CH_2 迅速降低，并在 400 ℃之后被 $\Phi—CH_3$ 取代。

图 2-31 展示了核磁波谱中不同碳骨架的相对丰度随热成熟度的演化特征。Fali 的相对丰度加速降低（图 2-31(a)），Faro 的相对丰度（也称为芳碳率或芳香度）增加，Faro 的相对丰度变化曲线与 Fali 的相对丰度变化曲线对称，这一结果在其他研究中也有发现（Gao et al.，2017；Huang et al.，2018）。360 ℃之后，Faro 的共振峰强度超过了 Fali，与核磁波谱图上显示的芳香碳的最高峰超过脂肪族碳的最高峰表现一致（见图 2-30），均指示脂肪族碳的消耗与芳香族碳的富集。Faro 的相对丰度是热成熟度的很好指标，一般来说，成熟度越高，Faro 的相对丰度越大，在本研究中，Faro 的相对丰度和热成熟度 R_o 呈线性正相关，相关系数大于 0.98（见图 2-32），与 Witte 等人和 Mao 等人的结果一致（Witte et al.，1988；Mao et al.，2010），而另外一些研究在茂名 Ⅰ 型干酪根（Gao et al.，2017）或煤中观察到的突然增长现象在延长组 7 段干酪根中并不明显。

非极性脂肪族碳（$0\sim65\times10^{-6}$）（见图 2-31(b)），亚甲基碳（CH_2）、次甲基碳（CH）和季碳（C）的变化趋势相似，均随着热成熟度的升高而下降，而且在 340 ℃之前下降缓慢，在 340 ℃之后下降明显加快，这再次说明干酪根热解生烃是脂肪族碳链逐渐消耗的过程，也说明干酪根在 340 ℃之前生烃缓慢，之后生烃迅速。此外，CH_2 的下降速度比 CH 和 C 的更快。$R—CH_3$ 和 $\Phi—CH_3$ 的变化趋势相似，均在干酪根的高热成熟度（380 ℃，实测 R_o 为 1.09% 或 400 ℃，

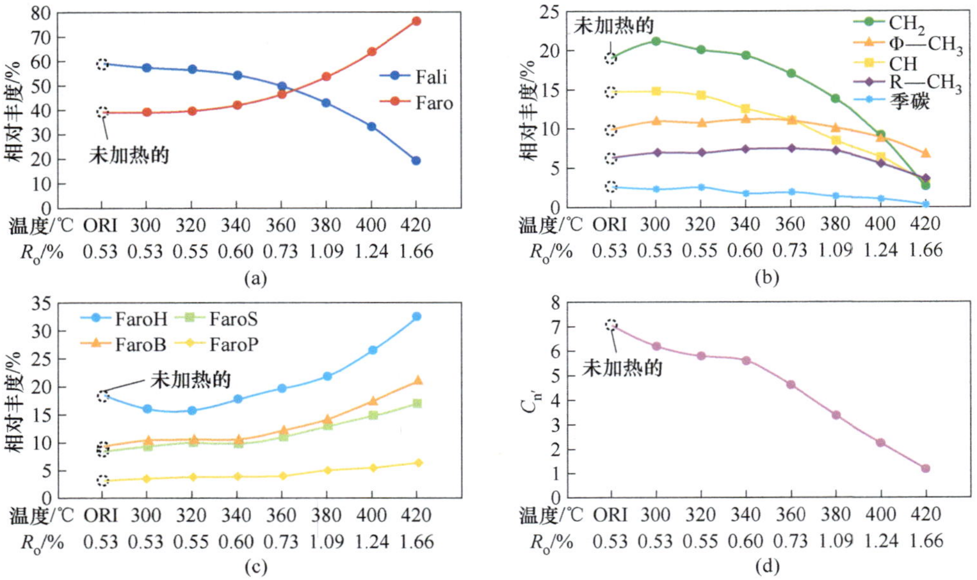

图 2-31　核磁波谱中不同碳骨架的相对丰度随热成熟度的演化特征

（a）芳香度与脂肪族碳丰度的相对变化特征；（b）脂肪族碳中各种碳骨架的变化特征；（c）芳香族碳中各种碳骨架的变化特征；（d）核磁指数 $C_{n'}$，代表连接到芳香核的脂肪族链平均链长和（或）连接到两个芳香核的脂肪族链的一半长度（各种碳骨架的缩写信息参考表 2-13）

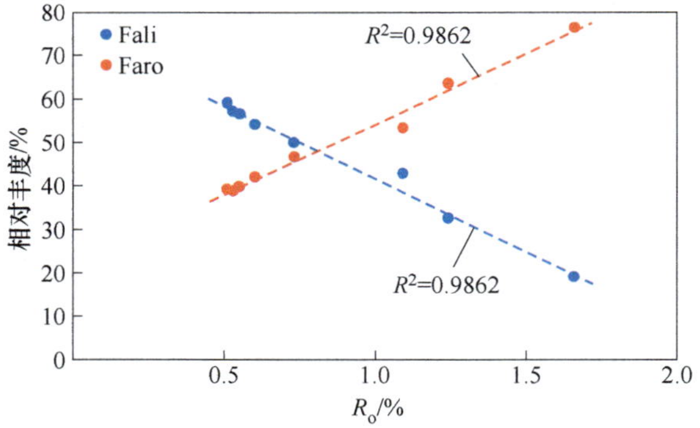

图 2-32　镜质体反射率 R_o 与 Fali 和 Faro 相对丰度的关系

实测 R_o 为 1.24%）开始下降。在热解结束时（420 ℃，实测 R_o 为 1.66%），Φ—CH_3 最富集，随后是 R—CH_3，两者均超过了 CH_2。非极性脂肪族碳中 CH_3 的最终富集也在其他 Ⅰ 型干酪根、Ⅱ 型干酪根及煤中有所体现（Witte et al.，1988；Cao et al.，2013；Gao et al.，2017）。

对于芳香族碳（$95\times10^{-6}\sim148\times10^{-6}$）（见图 2-31（c）），FaroH、FaroB 和 FaroS 都呈现总体上升的趋势，而且它们的变化曲线彼此大致平行，表明没有特殊的芳香族碳基团由于热成熟度的升高而富集，说明干酪根的各种芳香族碳均匀富集。

对于含氧官能团，除了芳香族 C—O 具有富集趋势，其他碳结构包括氧接甲基碳（O-alkyls）、COO 和 C═O 没有规律的变化。实际上，仅靠核磁谱图很难确定有氧官能团与碳骨架之间的相对关系，因为一些氧原子会与氮和硫等杂原子相连，而它们之间的化学计量是不确定的（Kelemen et al.，2007）。因此，本研究主要基于红外光谱来确定含氧官能团的变化特征。

脂肪族碳链平均长度（$C_{n'}$）随着最终热解温度的升高而降低，最终接近于 1（见图 2-31（d））。X_{bp}和 $X_{edge,min}$基本上保持不变，说明高热成熟度条件下，干酪根的芳香核的大小保持相对不变。该结果与前人对Ⅱ型 New Albany 干酪根的研究一致（Mao et al.，2010），但与其他结果不同（Kelemen et al.，2007；Cao et al.，2013；Gao et al.，2017；Huang et al.，2018）。

2.4.4　干酪根结构随热成熟度的演化特征

延长组 7 段页岩热解产生的液态烃类和气态产物随热成熟度的演化特征已经在前面做了详细讨论。但是，为了将烃类产物与干酪根结构结合起来辅助说明干酪根结构随热成熟度升高的演化特征，本节将采用新的组合方式，将油和气体产物重新作图（见图 2-33），将液态烃产物称为油和沥青，将 C_{15+}饱和烃与芳香烃之和称为 HCs，将 C_{15+}胶质与 C_{15+}沥青质之和称为 NSOs。在分析过程中，用 R_o 来表征热成熟度。

综合考虑热解油气的变化特征及固体残渣和干酪根的变化特征，可将干酪根的演化分为三个阶段：生烃高峰期前（$R_o<0.6\%$）、生烃高峰期（$R_o=0.6\%\sim1.09\%$）、生烃高峰期后（$R_o>1.09\%$）。

2.4.4.1　生烃高峰期前干酪根结构随热成熟度的演化特征

在这一阶段（$R_o<0.6\%$），油和沥青的生成速度相对较慢，干酪根结构变化很小，主要经历含氧官能团、短的脂肪族侧链和小芳环的脱落，在自然界和多模拟实验中都有记录早期含氧官能团丢失的现象（Behar et al.，1987；Kelemen et al.，2007）。与干酪根骨架相连的碳氧键具有相对较弱的键解离能（BDE），因此羧基、羰基等官能团很容易脱落（Salmon et al.，2009a，2009b；Craddock et al.，2015）。在红外光谱中，氧的消耗表现在 C═O（1695 cm^{-1}）的吸光度（见图 2-27）和 C 因子（见图 2-29（c））的降低。尽管 C 因子并未涵盖所有的含氧官能团（如醚、醇），但羧基和羰基的减少可以使 C 因子降低，也可以在一定程度上证明含氧官能团的消耗。

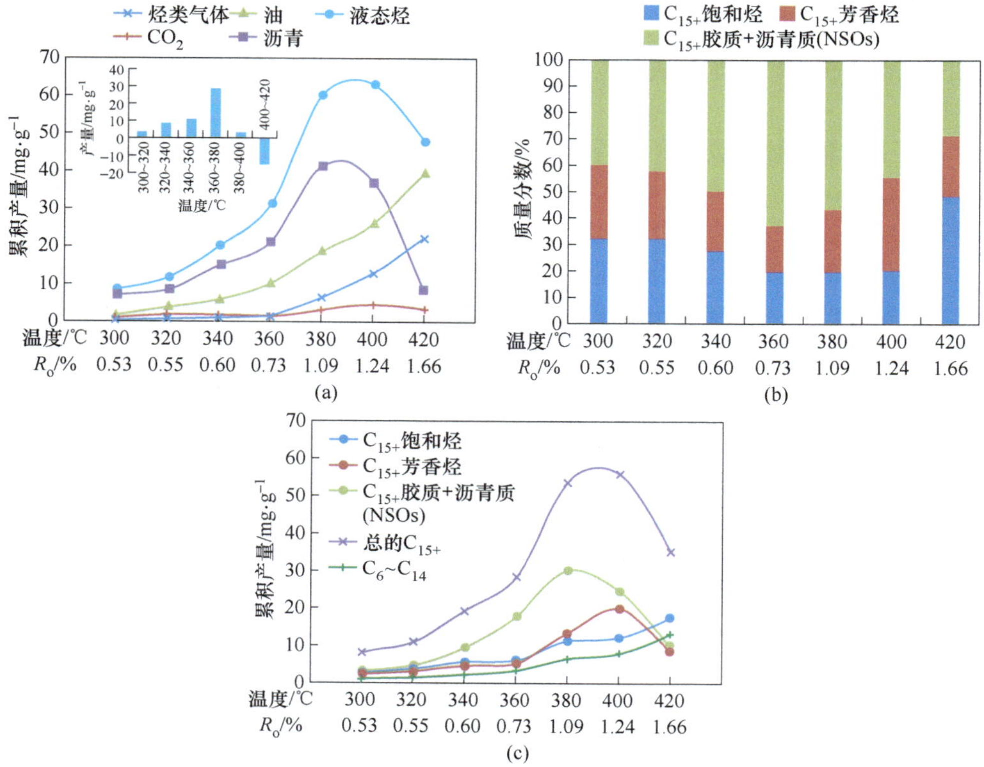

图 2-33　液态烃和气态烃的累积产量随热成熟度升高的变化特征

(a) 烃类气体、CO_2、油、沥青、总的液态烃类产物随热成熟度升高的变化特征，其中的小图为总液态烃产物在相邻成熟度区间的净增产量，供参考；(b) 总液态烃产物中的C_{15+}族组分含量信息；(c) 总的C_6 ~ C_{14}组分、C_{15+}饱和烃、C_{15+}芳香烃、NSOs 随热成熟度升高的变化特征

消耗的含氧官能团部分用于产生 CO_2 和 H_2O，部分用于产生 NSOs，如图 2-33(a)和(b)所示。初始热解时，气体产物主要是 CO_2，且 CO_2 体积占总气体的比值达 90%（见图 2-12）。另外，一部分含氧官能团用于产生水，因为在实测 R_o 为 0.6% 之前收集的大多数液体产物都是水（见图 2-34）。本研究在进行实验时将水分离并丢弃了，因此产物分析中仅涉及液态烃和气体成分。一些学者研究了沥青的结构变化，发现在干酪根的初始反应过程中，沥青确实逐渐富集含氧官能团（Craddock et al.，2015）。氧的消耗除了产生 CO_2、H_2O、NSOs，Salmon 等人（2009a）还证明了氧取代的脂肪族侧链的去官能化也可以产生许多脂肪族侧链（正是本阶段产生的轻质 HCs）。

除了含氧官能团的消耗，短的脂肪族侧链和小芳香环的脱离也伴随发生。从烃类产物的产量和组成来看（见图2-33（a）），在最初始热解时就产生了油和沥青，且在实测 R_o 为0.6%之前，C_{15+}饱和烃和 C_{15+}芳香烃的含量之和的比例大于NSOs（见图2-33（b））。如果将 $C_6 \sim C_{14}$组分计算在内，则轻质组分的比例会更大。很明显，轻质组分与重质组分NSOs同时产生。在之前的讨论中已经对这个现象进行了彻底的分析（Ma et al.，2020b）。Burnham等人（Burnham et al.，1989，1996；Burnham，2017）也证实在干酪根的初始裂解过程中，$C_6 \sim C_{14}$、C_{15+}饱和烃和 C_{15+}芳香烃的产生主要来自侧链的裂解。因此，在生油高峰期之前，除了氧取代脂肪族侧链的去官能团化，小侧链断裂可能是轻质组分的主要来源，并且断裂的侧链包括脂肪族链和小芳香环，产生了 $C_6 \sim C_{14}$、C_{15+}饱和烃和 C_{15+}芳香烃。

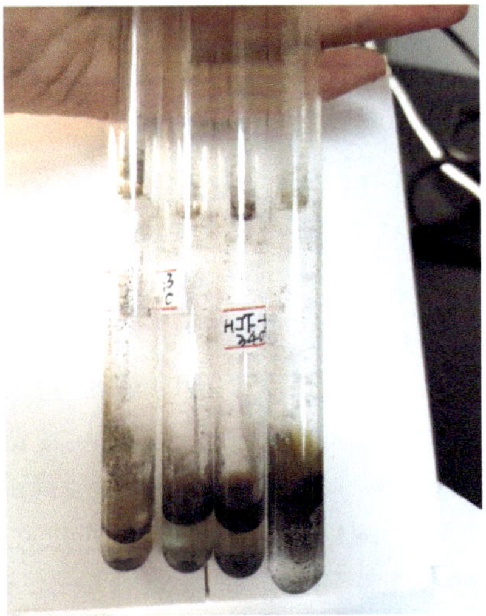

图2-34 热解过程中收集到的水

干酪根H/C的降低（见图2-26（a））和红外光谱中 CH_3/CH_2 的轻微下降（见图2-29（a））可以反映侧链的消耗。假设侧链与叔碳分开，则会产生额外的仲碳，导致 CH_2 的比例增大，进一步导致 CH_3/CH_2 降低，这一机制将在下一小节中详细讨论。鉴于 C_{15+}饱和烃和 C_{15+}芳香烃的含量占总 C_{15+}的50%以上，可以推断本研究的干酪根含有许多侧链，其结构是高度分支化的。

关于干酪根的裂解和油的生成，人们广泛认为它们遵循顺序反应。第一步是干酪根解聚，通过破坏弱的C—O和(或)C—S键（通常在Ⅱ-S型干酪根中），产生重质化合物沥青或NSOs；第二步反应是沥青或NSOs裂解为石油（Lewan，1983，1985；Ruble et al.，2001；Behar et al.，1997，2008，2010；Lewan et al.，2011；Ru et al.，2012；Spigolon et al.，2015）。考虑到本研究中烃类产物的组成特征和干酪根的高度分支结构，延长组7段页岩干酪根的热解生烃并不严格遵循顺序机理。在前一节中也论述过，延长组7段页岩干酪根的反应途径与参考文献（Burnham et al.，1989，2018；Burnham，2017）更加一致，即支链的C—C键断裂形成挥发性组分与C—O和（或）C—S键的断裂形成NSOs这两个反应是相互独立的。严格的顺序反应机制更适合藻类Ⅰ型干酪根（见图2-22），这种干酪根的典型特征是富含长脂肪链（Burnham et al.，1996）。

2.4.4.2 生烃高峰期干酪根结构随热成熟度的演化特征

生烃高峰阶段（实测 R_o 为0.6%~1.09%），在C—O键断裂和侧链断裂的同时，干酪根经历了更为剧烈的变化，导致了生烃高峰的出现。在此成熟度区间内，主要以交联键和长脂肪链的断裂为主。

这个阶段的H/C、S_2和HI下降得更快（见图2-26），用于评估烃源岩生烃潜力的A因子（Iglesias et al.，1995；Chen et al.，2012）突然下降（见图2-29（a））；以上所有这些变化表明干酪根中有机物迅速裂解。在烃类产物中（见图2-33（a）），可以看到油和沥青迅速增加。在红外光谱中，脂肪族C—H_x吸光度的显著下降和芳香族C═C吸光度的急剧增加反映出干酪根中脂肪族链的快速消耗（见图2-27）。核磁共振的结果也证实了脂肪族链的断裂（见图2-30和表2-14），核磁波谱的表现有：芳香族碳骨架共振峰的绝对强度超过脂肪族碳共振峰的绝对强度，而且Faro含量超过Fali。脂肪族链的快速消耗直接导致实测R_o为0.6%~1.09%之间的生烃高峰期（见图2-33（a））。

C—H_x的消耗主要由连接在干酪根骨架的脂肪族链中C—C键的断裂导致。对于连接到干酪根骨架的C—C键，与芳香核相连的α-β碳键的BDE比α碳和苯环之间的C—C键要弱得多，如果β-亚甲基中的一个氢被另一个脂肪族链取代，则α-β碳键的BDE甚至更弱。除了α-β碳键，干酪根侧链上的C—C键也很容易断裂（Lin et al.，1993；Lis et al.，2005）。因此，在随机断键过程中，上述具有低BDE的C—C键首先断裂。α-β碳键的断裂会导致红外光谱参数中CH_3/CH_2值升高，脂肪族链长变短，而支链C—C键的断裂将导致CH_3/CH_2值降低及脂肪族链分支化程度的降低（Lis et al.，2005）。CH_3/CH_2如何变化取决于哪种化学键断裂占主导。如果连接到干酪根碳骨架的主链具有许多分支的侧链，情况将更加复杂。从相对不变的CH_3/CH_2（见图2-29(a)）来看，延长组7段干酪根中α-β碳键的断裂和支链C—C键的断裂强度相近，这进一步表明本研究的干酪根结构是高度分支化的。连接到碳骨架的脂肪族链的缩短还显示在核磁谱图上，最初未热解的干酪根在30×10^{-6}处有一个显著的CH_2峰，随着热成熟度的升高，CH_2的强度越来越弱，尤其是在实测R_o为1.09%之后，CH_2信号的强度被Φ—CH_3超过（见图2-30）。此外，从各个脂肪族碳的相对丰度（见图2-31（b））来看，被称为“易生油碳”且含量直接与油产量相关的CH_2和CH的丰度（Qin et al.，1991）下降最明显。

在实测R_o为0.73%~1.09%的区间内，无论是红外光谱、核磁图谱的形状，还是两者衍生的半定量参数，都指示干酪根结构发生了最显著的变化。同样在该热成熟度范围内，液态烃类的净增产量达到最大（见图2-33（a）），同时NSOs的累积产量达到最大（见图2-33（c））。单凭脂肪族链的断裂很难解释NSOs的迅速增加，因此推测存在另一种反应途径，这种途径应该是连接干酪根主体结构的弱交联键的断裂（Burnham et al.，1989；Burnham，2017）。像α-β碳键一样，弱交联键也有较低的BDE，并且很可能与α-β碳键一起断裂（Ru et al.，2012）。

随着热成熟度的升高，两种类型的断键同时发生，通过α-β碳键的断裂形成相对分子量小的挥发性产物（$C_6 \sim C_{14}$、C_{15+}饱和烃和C_{15+}芳香烃）(见图2-33（c））；通过交联键的断裂形成相对分子质量大的可溶性产物（NSOs）。另外，NSOs的产率曲线与总液态烃的产率曲线非常相似，意味着在生烃高峰期间，会同时生成大量的NSOs。因此，可以推断延长组7段干酪根中的弱交联键的含量非常高，也就是说延长组7段干酪根的宏观结构是由许多大块体组成，这些大块体通过弱的交联键连接（见图2-22（b））。

综上所述，生烃高峰期化学键断裂特征再次证明，延长组7段干酪根并不严格遵循顺序反应机理。高度交联的干酪根结构提供了足够的弱键，这些弱键与α-β碳键同时断裂，从而导致NSOs和挥发性组分的生成相互独立（Burnham，2017；Burnham et al.，2018）。

2.4.4.3 生烃高峰期后干酪根结构随热成熟度的演化特征

在生烃高峰期后（$R_o > 1.09\%$），干酪根的生烃潜力已经大部分被耗尽，此时反应主要以已经生成产物的二次裂解反应为主。图2-33(a) 显示液态烃的产量已经达到最大值并开始下降。在$R_o = 1.24\%$和$R_o = 1.66\%$两个热成熟度最高的干酪根的红外光谱中，3100 cm^{-1}处的芳香环C—H由最初的不可分辨变得明显可以识别，而在700 ~900 cm^{-1}处的芳香环C—H变得更加明显（见图2-27），而与此同时脂肪族$C—H_x$的光谱峰已经相当弱了。从基础地球化学参数来看，HI在实测R_o为1.24%时比其原始值下降了85%。这些现象表明干酪根的生烃能力几乎被耗尽，在不能及时产生的情况下，NSOs和C_{15+}饱和烃的强烈二次裂解导致两者的产量达到最大值后下降（见图2-33（c））。

核磁共振结果与红外光谱和地球化学参数一致，Fali的相对丰度持续减少而Faro的相对丰度持续增加（见图2-31（a））。关于干酪根的芳香度在较高的热成熟度下快速升高的原因，一些研究认为是由芳香环的缩合反应造成的（Kelemen et al.，2007；Cao et al.，2013；Huang et al.，2018），芳香环的缩合导致芳香核增大；另外一些研究则认为芳香核的大小并没有改变，芳香度的升高仅是由于脂肪族链的消耗，从而反衬出更高的芳香度（Mao et al.，2010）。以上两种结论均基于核磁的半定量参数X_{bp}和$X_{edge,min}$。前文已述，X_{bp}代表桥头芳香碳与芳香族外围碳的比值，$X_{edge,min}$与芳香环边缘的最小碳数有关，它们都代表芳香核的大小。在本研究中，两个参数随着热成熟度的升高并没有出现明显降低的趋势（见表2-14），因此推测延长组7段干酪根芳香度的增加不是由于芳香环的缩合反应引起的。

为了进一步论述干酪根芳香度升高的原因，本研究结合核磁谱图的半定量参数、基础地球化学参数、热解后残渣在原始样品中的质量分数计算干酪根芳香碳的质量分数（Miknis et al.，1995）。数据基于100 g原始未加热的原岩，通过将残渣的质量分数（见表 2-3）、碳质量分数及核磁谱图中的芳香度相乘，得出剩余页岩残渣中芳香碳的近似质量。需要说明的是，在这个计算方法中，热解后残渣只经过 DCM 抽提，没有用三氯甲烷抽提，也不是干酪根，因此得出的芳香碳的质量不是准确的绝对产量，仅用它讨论近似的变化趋势。此外，完整的芳香碳平衡还应将油和沥青中的芳香碳含量计算在内，本研究没有测量液态产物中的碳的质量和芳香度。如果将液态产物的芳香碳的质量考虑在内，总的芳香碳的质量应该比残渣中的芳香碳的质量更大。残渣中芳香碳的变化曲线如图 2-35 所示，随着热成熟度的升高，芳香碳的质量总体呈上升趋势，实测 R_o 为 1.66% 时芳香碳的质量是最初未热解样品的 2 倍。如果将液态产物的芳香碳的质量考虑在内，总芳香碳的质量应该更大。该结果进一步排除了芳香环缩合的可能性，因为有研究表明芳香环缩合仅仅改变芳香碳的类别，不会改变芳香度（Miknis et al.，1995）。

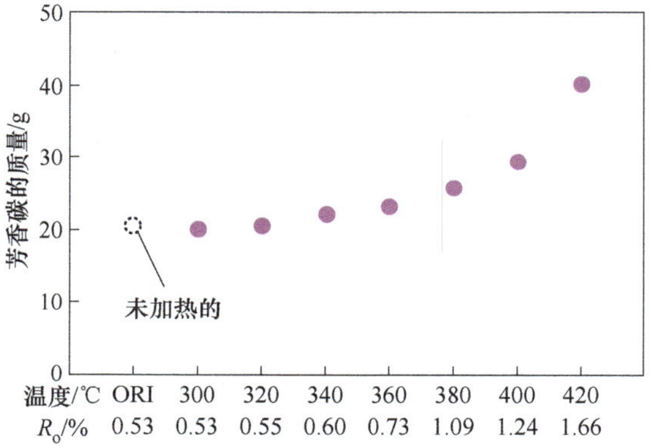

图 2-35　DCM 抽提后热解残渣中芳香碳的质量的变化特征

此外，芳香度的升高可能是由于脂肪族碳的消耗（Mao et al.，2010）。这一猜想可由核磁参数证明，随着热成熟度的增加，干酪根中的脂肪族链在持续断裂的同时还会缩合成环，导致芳香环通过非常短的脂肪族环或联芳基零质量桥连接（Mao et al.，2010；Gao et al.，2017）。如图 2-31（d）所示，$C_{n'}$ 持续下降，最后非常接近 1，这意味着与芳环相连的所有烷基链都很短，以至于它们几乎都以甲基形式存在（Kelemen et al.，2007）。此外，考虑到 $C_{n'}$ 的计算方法（Fali 与 FaroS 的相对丰度之比）中，FaroS 中还包含联芳基零质量桥（Fletcher et al.，2014），$C_{n'}$ 的降低可能表明干酪根中的芳香环含量逐渐富集，并通过联芳基零质量桥连接。而且，由热解后残渣的 HI（见图 2-26（b）和(c)）可以看出，虽然降低缓慢，但是 S_2 和 HI 仍然在降低，所以干酪根仍然在消耗有机质。但是，当把残渣中的芳香碳含量考虑在内时，这种可能性就被减弱了。因为根据 Miknis 等人

(1995) 的研究，与缩合一样，脂肪族链的断裂不会改变芳香度。

芳香度的升高还有可能是由芳香族化合物的芳构化或脱氢引起的。在高度成熟的干酪根中，大多数与芳香核相连的脂肪族链都被消耗了，干酪根主要由芳香环或与氢化芳香族化合物组成，如四氢化萘。四氢化萘非常不稳定，很容易通过脱氢的方式被芳构化（Lai et al.，2017）从而形成 H_2，从气态产物中可以看出（见表2-6），H_2 的产量在最后阶段猛增。此外，沥青的焦化反应可以进一步提高残渣的芳香度（Burnham，2010；Lai et al.，2017）。

应该补充的是，在最成熟的两个干酪根中，红外光谱中的羰基(或羧基) C═O 官能团再次出现（见图2-27），并且 C 因子重新开始增加（见图2-29(c)）。当用其他体系（含水体系、封闭体系和半开放-半封闭体系）热解煤和干酪根时，也观察到最终阶段 C 因子增加的现象（Lis et al.，2005；Craddock et al.，2015；Huang et al.，2018）。C 因子增加的原因可能是：(1) 干酪根中的氧形成了羰基（或羧基)；(2) 醇基氧化为羰基（或羧基)；(3) 通过 NSOs 脱氢形成焦炭而富集（Lis et al.，2005；Craddock et al.，2015）。考虑到本研究中的实验是无水的，并且 NSOs 和 C_{15+} 芳香烃在高热成熟度下会发生强烈的二次裂解，因此本研究更支持第三种推测。

3 延长组7段典型页岩生烃动力学特征及其原位转化外推应用

我国中低成熟度页岩油的资源潜力与技术潜力更加巨大，原位转化技术（in-situ conversion process，ICP）可能是实现其工业化开采的有效途径（崔景伟 等，2018；赵文智 等，2018），该技术利用水平井电加热技术，对埋深300～3000 m的页岩缓慢加温到270～330 ℃，使有机质在地下发生轻质化转化（加热快速生烃），干酪根、重油、沥青等多类有机质大规模转化为轻质油和天然气，并将焦炭和部分杂质等留在地下。原位转化中更多考虑生成产物与加热能量消耗的平衡，因此明确转化过程的生烃机理和所需加热能量对决定是否经济可采具有重要意义。依据时间-温度补偿关系（Connan，1974），实验室中通过对烃源岩进行高温、快速的模拟裂解可以得到活化能 E 这一关键动力学参数，用以揭示各种不同键能的生烃母质的动力学行为。平均活化能、活化能主频大小、主频所占比例和分布范围宽窄等特征可以直观地表征不同沉积环境与类型烃源岩在不同成熟阶段的生烃难易程度（张斌 等，2019；卢双舫 等，2007；沈忠民 等，2002），是原位转化条件下优选有机质转化生烃各阶段加热温度或升温程序的有力依据。

地质条件下烃源岩（油、气）生成过程发生中的复杂变化本质上可以看作干酪根大分子内部的化学键在热力作用下按照能量大小依次发生断裂的反应，其反应过程机理与生成的产物可以通过化学动力学方程衡量表征。已建立的动力学模型主要有总包反应模型（Coats et al.，1964；Allred，1966）、串联反应模型（Friedman，2010；Shih et al.，1980；金强 等，1986；Dieckmann，2005）和平行一级反应模型（Pitt，1962；Quigley et al.，1988）三种，这些模型又可各自分为若干亚型（见表3-1）。不同模型及其各自亚型的生烃动力学模型的建立均基于两个公式：（1）化学反应速度公式；（2）阿伦尼乌斯（Arrhenius）经验公式（Arrhenius，1889）。活化能 E 和频率因子 A 是动力学方程中的两个核心参数。不同的生烃动力学模型中活化能的求解方法不同，适用性各异（见表3-1）。

（1）总包反应模型。此模型将所研究盆地的生烃母质与生烃过程都均一化，仅用一个反应描述全过程。许多不同学者针对同一类型的干酪根甚至同一件样品应用不同的实验方法求得的总包反应模型动力学参数差异非常大（金强 等，

1986)，普遍认为总包反应模型不适用于准确描述生烃过程。

表 3-1 生烃动力学计算活化能模型的基本内涵和动力学方程式

<table>
<tr><th colspan="3">模　型</th><th>描 述</th><th>动力学方程</th></tr>
<tr><td colspan="2">总包反应</td><td>Coats et al. ,1964；
Allred,1966</td><td>将干酪根的成烃过程视为一个简单的分解反应</td><td>$\int_{c_0}^{c}\frac{\mathrm{d}c}{c^n}=\int_{T_0}^{T}\frac{A}{D}\mathrm{e}^{-\frac{E}{RT}}\mathrm{d}T$</td></tr>
<tr><td rowspan="2">串联反应</td><td>串联一级反应</td><td>金强 等，1986；
Dieckmann，2005</td><td rowspan="2">将干酪根热解过程视为一系列串联的具有不同动力学参数（A 和 E）的一级或多级的反应</td><td rowspan="2">$\frac{\mathrm{d}x}{\mathrm{d}T}=\frac{A}{D}\cdot \mathrm{e}^{-\frac{E}{RT}}\cdot(1-x)^n$
一般计算中使用对数形式：
$\ln\left(\frac{\mathrm{d}x}{\mathrm{d}T}\right)=\ln\left[\frac{A}{D}\cdot(1-x)^n\right]-\frac{E}{RT}$
当 $n=1$ 时，为串联一级反应；
当 $n\neq1$ 时，为串联非一级反应。
（式中，A 与 E 的值随 x 的变化而改变）</td></tr>
<tr><td>串联非一级反应</td><td>Klomp et al. ，1990</td></tr>
<tr><td rowspan="2">平行一级反应</td><td>无限个平行一级反应</td><td>Quigley et al. ，1988</td><td rowspan="2">将干酪根热解过程视为一系列平行的具有不同动力学参数（A 和 E）的一级反应，平行反应的数量可为无限个或有限个</td><td rowspan="2">$x=\sum_{i=1}^{N}x_{\infty i}\cdot\left\{1-\exp\left[-\int_{T_0}^{T}\exp\left(-\frac{E}{RT}+\ln A-\ln D\right)\mathrm{d}T\right]\right\}$
当 $i\to\infty$ 时，为无限个平行一级反应；
当 i 数量有限且固定时，为有限个平行一级反应。
（式中，A 与 E 的值随 i 的变化而改变）</td></tr>
<tr><td>有限个平行一级反应</td><td>Tissot et al. ,1984；
Sweeney et al. ，1990；
Ungerer，1990</td></tr>
</table>

注：表中，A 为频率因子或指前因子，min^{-1} 或 s^{-1}；E 为反应表观活化能，kJ/mol 或 kcal/mol；n 为反应的级数；c_0 为反应物起始浓度，mol/L；c 为反应物即时浓度，mol/L；T_0 为反应起始温度（绝对温度），K；T 为反应即时温度（绝对温度），K；D 为升温速率，K/s，实验室恒速升温时 $D=\mathrm{d}T/\mathrm{d}t$；$x$ 为反应至温度 T 时反应物的总转化率，%；$x_{\infty i}$ 为第 i 个平行一级反应中反应物最终转化率，%；N 为平行反应的总个数。

（2）串联反应模型。此模型假设在不同的反应阶段（以成烃转化率划分）具有不同的反应参数（Coats et al. ，1964；Allred，1966），将生烃过程分以不同阶段，是在时间尺度上对总包反应过程的改良（分段的总包一级反应）。串联一级反应模型因对有机质成烃实验数据的拟合率很高，其活化能的求解方法为：在不同升温速率的实验数据中选择相同的生烃率所对应的 $\mathrm{d}x/\mathrm{d}t$、x 和 T 数据回归，由此求得生烃率所对应的活化能 E（Friedman，2010）。学者们对这种方法的改良一直持续至今（Dieckmann，2005）。

（3）平行一级反应模型。此模型相比于将生烃母质看成一个整体的总包反应，平行一级反应将有机质的成烃过程划分成若干个同时发生但不相同的反应，并假设每个反应都是平行互不干扰的（Pitt，1962；Quigley et al. ，1988）。这样的划分从有机质化学组成的角度出发，能够更为客观地反映出生烃的动力学本质。有限个平行一级反应在生烃动力学中广为应用，此模型参数中的活化能 E 可通过构造实验中获得的 x、T 数据与模型计算之差的平方和目标函数、惩罚函数，再由变尺度优化算法求解极小值的方法求出（Schaefer et al.，1990；Lakshmanan et al.，1991；Schenk et al.，1997）。美国 Lawrence Livemore 国家实验室开发的 Kinetics 2015 及法国石油研究院研发的 GeoKin 等软件均可完成对活化能的计算。

频率因子、活化能参数均是通过拟合的方法计算得到，出于减少计算量的目的，往往选择某一固定的频率因子值（Ungerer et al.，1987；Romero-Sarmiento et al.，2016）。生烃不同反应对应了不同的活化能值，故计算的活化能一般以分布的形式呈现。国内外学者提出了用 Gauss 分布（Quigley et al.，1988）、离散分布（Ungerer et al.，1987；Burnham et al.，1988）、Weibull 分布（Wang et al.，2011）等模型来简化计算过程。

离散分布模型假定活化能在一定范围内以一定的间隔分布，在国内活化能研究中的使用率最高。应用离散分布模型时，Burnham 等人（1988，1996）和 Dieckmann（2005）采用 1 kcal/mol（4.184 kJ/mol）和 2 kcal/mol（8.368 kJ/mol）与卢双舫（1997）和王民等人（2011）采用 10 kJ/mol 的活化能分布间隔的差异很小，基本上都可以与实验室模拟数据有很好的拟合，在地质外推时也没有大的不同。

3.1 样品及其基础地球化学特征

3.1.1 实验样品

本研究实验所用的天然与人工模拟后得到的不同 TOC 含量（质量分数，后同）、成熟度样品都采自鄂尔多斯盆地延长组 7 段底部地层。天然样品和人工模拟样品的特征如下：

（1）天然样品。天然页岩样品采自盆地南部、中部编号为 Z、L、C 三口井中的9块岩芯（见图3-1），分别构成了 TOC 含量为3%、10%、20%及镜质体反射率 R_o 为0.5%、0.85%、1.0%的样品序列。值得注意的是，所取天然样品均为适于原位转化的中低成熟度页岩，为方便表述，以下将此样品序列又细分为低熟、中等成熟和相对高熟 3 个阶段。

（2）人工模拟样品。模拟样品为采自陕西省铜川市何家坊地区（HJF）的页岩露头（见图3-1），在粉碎后经改良的模拟实验装置进行 20 MPa 压力下的半开放-半封闭体系热解，实验采用阶梯式升温方法，升温速率为 20 ℃/h，共设 7 个温度点：300 ℃、320 ℃、340 ℃、380 ℃、400 ℃、420 ℃、450 ℃（Ma W，et al.，2020c）。本研究基于模拟实验后得到的不同成熟度页岩粉末。

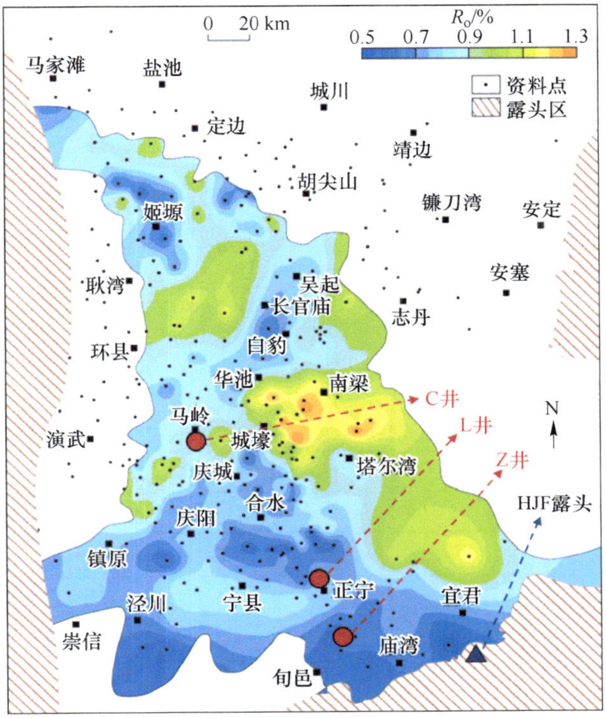

图 3-1 采样位置示意图

3.1.2 样品基础地球化学特征

对所采岩芯、人工模拟后样品进行了 Rock-Eval 岩石热解、总有机碳（TOC）含量测定和干酪根镜质体反射率 R_o 实验，所得结果列于表 3-2 中。绘制 T_{max}-HI 图得到样品的有机质类型。除 HI 较高的 Z-01 样品和低熟 HJF 热模拟样品有机质类型为偏 I 型，其余都为 II_1 型，如图 3-2 所示。

表 3-2 鄂尔多斯盆地延长组 7 段底部页岩及人工模拟样品的基本地球化学特征

样品编号	深度/m	R_o/%	TOC 含量/%	S_1/mg · g^{-1}	S_2/mg · g^{-1}	T_{max}/℃	HI/mg · g^{-1}
Z-01	1383. 59	0. 53	3. 94	2. 32	19. 64	440	498
Z-02	1384. 83	0. 56	9. 14	3. 29	40. 31	437	441
Z-03	1385. 59	0. 60	18. 27	7. 64	75. 35	438	463
L-01	1569. 39	0. 79	3. 25	2. 74	10. 77	440	331
L-02	1585. 15	0. 83	9. 54	4. 91	33. 68	439	353
L-03	1584. 55	0. 82	20. 8	6. 73	73. 67	442	354

续表 3-2

样品编号	深度/m	R_o/%	TOC 含量/%	S_1/mg · g^{-1}	S_2/mg · g^{-1}	T_{max}/℃	HI/mg · g^{-1}
C-01	1969. 04	1. 08	2. 06	0. 80	5. 05	444	245
C-02	1969. 38	1. 09	9. 58	2. 84	23. 29	443	243
C-03	1967. 16	1. 12	19. 73	5. 50	54. 34	442	275
HJF-02	人工模拟样品	0. 53	26. 8	1. 33	130. 06	443	485
HJF-03		0. 55	25. 73	1. 48	125. 36	443	487
HJF-04		0. 60	25. 09	3. 02	125. 03	441	498
HJF-05		0. 73	24. 79	1. 87	94. 86	445	383
HJF-06		1. 09	22. 1	1. 61	50. 67	464	229
HJF-07		1. 24	19. 44	0. 98	17. 25	472	89
HJF-08		1. 66	21. 35	0. 65	8. 01	492	38

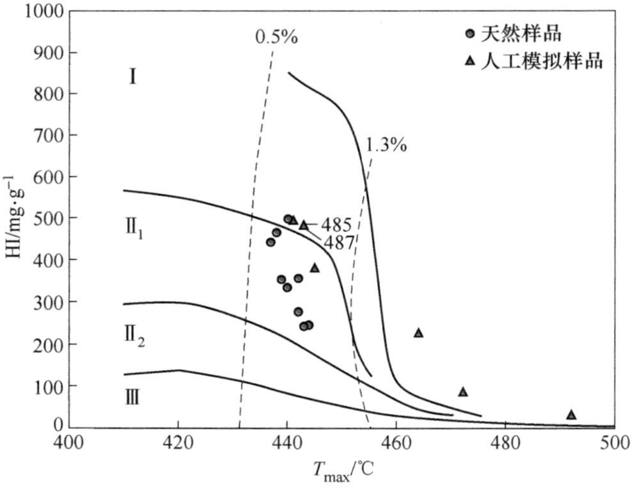

图 3-2　天然、人工模拟样品 HI 与 T_{max} 有机质类型图

（图中虚线指实测 R_o 的值）

通过对样品的显微组分分析可以发现，延长组 7 段有机质镜下显微组分形态更偏向于无定型体，内部少有明显的生物化结构，蓝光激发荧光相比典型的腐泥无定型体弱，介于腐殖和腐泥之间，也可见几乎无荧光的腐殖型无定型体，如图 3-3 所示。

这些样品的镜下显微组分分析与前人对于鄂尔多斯盆地延长组 7 段的研究结果基本一致，生油母质大部分为腐泥组和壳质组，镜质组和惰质组含量少。富 H 组分含量高，有机质具有倾油性，生烃潜力大。

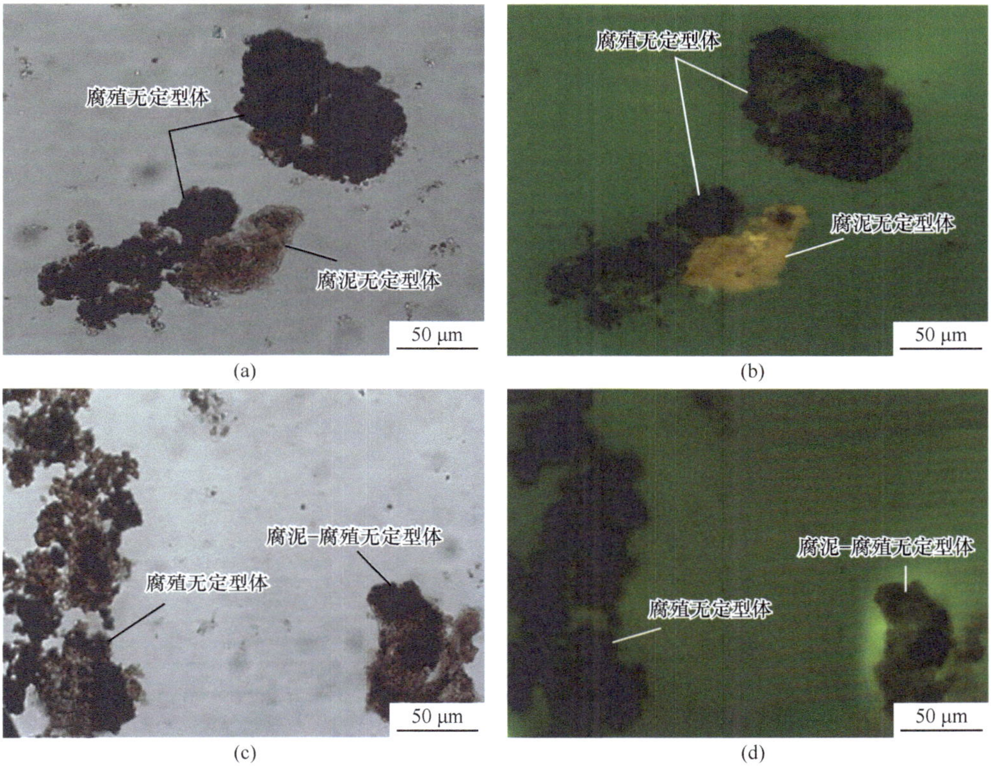

图 3-3 鄂尔多斯盆地延长组 7 段页岩有机质显微组分

（a）腐殖无定型体与腐泥无定型体，Z-01 样品，透射光；（b）腐殖无定型体与腐泥无定型体，Z-01 样品，蓝光激发荧光；（c）腐殖无定型体与腐泥-腐殖无定型体，Z-02 样品，透射光；（d）腐殖无定型体与腐泥-腐殖无定型体，Z-02 样品，蓝光激发荧光

3.2 开放热解模拟实验与活化能计算方法

本研究热解实验在法国 VINCI 公司研制的 Rock-Eval 6 岩石热解仪上完成，具体实验操作步骤为：将样品粉碎至 80 目（0.178 mm）左右，称取 10～60 mg 岩石粉末放入样品舟中（如果是干酪根，样品则减少用量），首先快速升温至 300 ℃并恒温 3 min，以除去游离烃，随后以 10 ℃/min、30 ℃/min、50 ℃/min 的升温速率加热至 650 ℃。加热过程中通入惰性气体，将岩样在热解过程中排出的烃类气体吹扫至氢火焰离子化检测器进行检测，得到产烃率-温度的关系曲线。

标定的生烃动力学模型建立在化学反应速度公式和阿伦尼乌斯经验公式

（Arrhenius，1889）的基础上，本研究采用单一频率因子、离散分布的有限个平行一级反应模型（计算方法详见表3-1）。活化能和频率因子两个动力学参数通过构造热解实验获得不同升温速率下转化率-温度数据与模型计算之差的平方和目标函数、惩罚函数，再由变尺度优化算法求解极小值的方法求出（Lakshmanan et al.，1991），活化能分布间隔设置为1 kcal/mol（4.184 kJ/mol）（Behar et al.，2008）。

3.3　不同成熟阶段干酪根活化能特征

3.3.1　低熟干酪根活化能特征

通过开放体系模拟得到样品累计生烃转化率和温度的关系，计算低熟样品的动力学参数，见表3-3。

表3-3　天然与人工低熟干酪根样品的动力学参数

活化能/kcal · mol^{-1}	Z-01①	Z-02①	Z-03①	HJF-01①
	3.19×10^{10}②	5.01×10^{10}②	3.58×10^{9}②	2.22×10^{11}②
	活化能频率占比/%			
35	0	0	0.11	0
36	0	0	0.05	0
37	0	0	0	0
38	0.08	0	0.85	0
39	0.08	0.11	0	0
40	0.29	0.07	0	0
41	0	0.19	0	0
42	1.09	0.48	0	0.09
43	0	0.12	0	0.25
44	0	1.43	82.84	0.04
45	0	0	0	0.98
46	0	0	9.9	0
47	0	0	2.6	1.75
48	80.59	17.48	0	0.04
49	0	64.97	0.75	1.71
50	11.99	0	0.37	60.37
51	1.8	10.21	0.62	3.95
52	1.51	1.12	0.83	21.23
53	0	1.28	0	1.05

续表 3-3

活化能/kcal·mol^{-1}	Z-01①	Z-02①	Z-03①	HJF-01①
	3.19×10^{10}②	5.01×10^{10}②	3.58×10^{9}②	2.22×10^{11}②
	活化能频率占比/%			
54	0.09	0	0	3.35
55	0.87	0	0	0
56	0	0.75	1.08	1.72
57	0.7	0.93	0	0
58	0	0	0	1.14
59	0	0	0	0.71
60	0.89	0	0	0
61	0	0.86	0	0
62	0	0	0	1.63

注：1 kcal =4.184 kJ。

① 样品编号；② 频率因子，s^{-1}。

Z-02 样品的 S_1 仅 3.29 mg/g，T_{max} 为 437 ℃，实测 R_o 为 0.56%，TOC 含量为 9.14%，与延长组 7 段页岩平均有机碳含量大致相当，是研究区典型的低熟样品。图 3-4 和图 3-5 分别显示了低熟天然样品（Z-02）实验条件下的温度-转化率关系和活化能分布图。从图 3-4 可看出，不同升温速率下的实验室实测数据与动力学模型计算数据拟合效果非常好，即单一频率因子、离散活化能分布的有限个平行一级反应模型适用于本研究所选样品的生烃动力学研究。拟合计算得到的 Z-02 样品频率因子为 5.01×10^{10} s^{-1}，整体活化能分布不对称，范围宽且离散，介于 39 ~ 61 kcal/mol 之间，主频活化能为 49 kcal/mol，占比 64.97%，次频活化

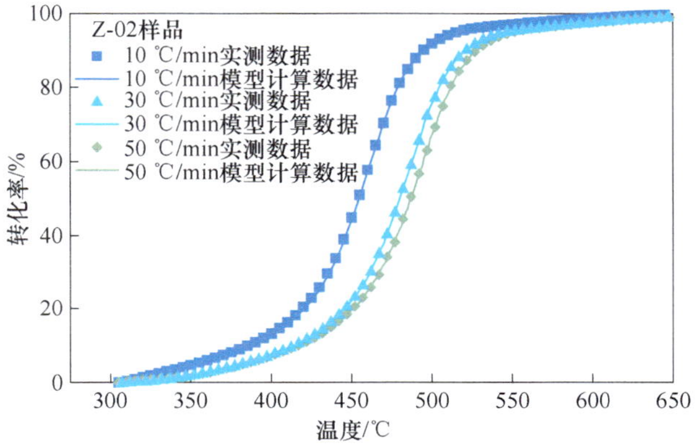

图 3-4　低熟天然样品实验条件下的温度-转化率关系图

能为 48 kcal/mol，占比 17.48%，较大、较小的活化能占比低。Z-01 样品的频率因子为 $3.19\times10^{10}\ s^{-1}$，主频活化能为 48 kcal/mol。Z-03 样品的频率因子较小，仅有 $3.58\times10^{9}\ s^{-1}$，相对应地，活化能主峰和总体分布范围向低值偏移。HJF-01 是采自何家坊的岩石露头在半开放-半封闭体系热模拟加热到 260 ℃后经处理得到的低熟干酪根样品，其动力学参数虽整体向高值偏移，但活化能分布呈现的形态与天然样品的并无太大差异（见图 3-6 和图 3-7），可以认为在该低成熟度下天然与模拟的干酪根样品加热生烃发生的反应基本相同。

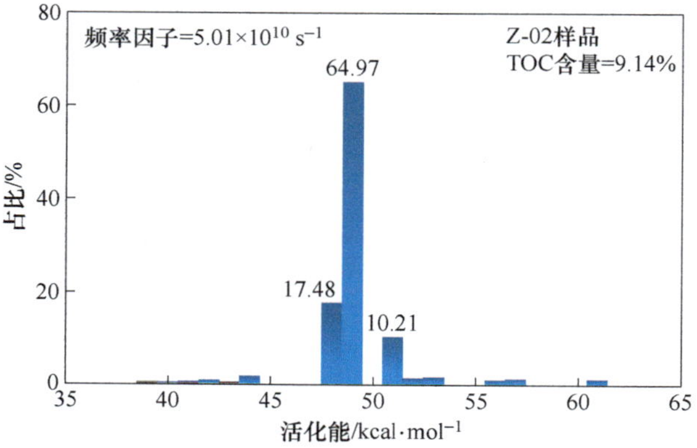

图 3-5　低熟天然样品的活化能分布图

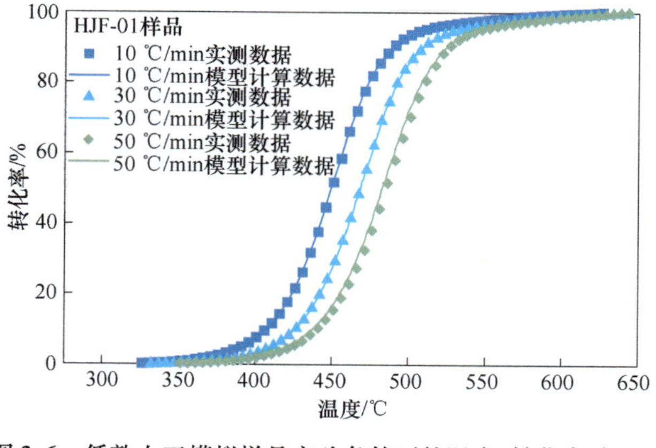

图 3-6　低熟人工模拟样品实验条件下的温度-转化率关系图

前人关于生烃动力学的研究结果表明，鄂尔多斯延长组 7 段低熟页岩样品频率因子范围多为 $10^{10}\sim10^{13}\ s^{-1}$（廖玲玲，2016），主频活化能为 48～50 kcal/mol（张斌 等，2019；廖玲玲，2016；Han S et al.，2014），本研究数据与之相符。但值得关注的是，也有研究得出的活化能主峰和频率因子向高值偏移，如 Ma 等人（2017）用 1 ℃/min、15 ℃/min、40 ℃/min 的实验升温速率计算得到的活化

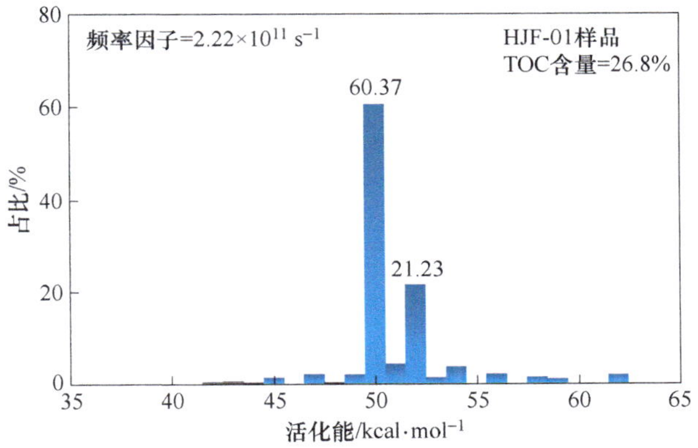

图 3-7 低熟人工模拟样品活化能分布图

能主频约为 52 kcal/mol、频率因子为 $2.95\times10^{13}\ s^{-1}$；而黄彩霞等人（2013）和齐玉林等人（2019）用 Rock-Eval-Ⅱ开放热解仪得到结果拟合的活化能主频分别为 57 kcal/mol、62 kcal/mol，且频率因子级数达 $10^{17}\sim10^{20}\ s^{-1}$，这可能与模拟实验采用的升温速率和实验装置不同等因素相关。

3.3.2 不同成熟度干酪根活化能动态变化特征

图 3-8 显示了在 10 ℃/min 热解条件下页岩样品 Z-02、L-02、C-02 的生烃潜力随温度变化情况，3 块干酪根样品的成熟度 R_o 分别为 0.56%、0.83%、1.20%，处于低熟-成熟演化阶段，涵盖原位转化选区的完整成熟度区间。为保证对比的准确性，必须控制成熟度为唯一变量，选择的 3 块样品总有机碳（TOC）含量均约为 10%。Z-02 样品生烃潜力曲线符合典型的低熟页岩实验室热解生烃特征，成熟度相对高的 L-02 和 C-02 样品生烃潜力曲线基本在低熟 Z-02 样品曲线的包络范围内，最大产烃量对应温度 T_{max} 随成熟度增加而增大，且 T_{max} 在 0.83%~1.2% 成熟度区间内增加更快，对应该范围内更大的生烃潜力消耗。

为方便对比，固定频率因子为 $5\times10^{10}\ s^{-1}$，经拟合得到天然、人工不同成熟度样品活化能分布特征，其中人工模拟样品选择 HJF-02、HJF-05、HJF-06，与天然样品成熟度一一对应。样品活化能分布虽然都较为宽广和离散，但整体呈现以 1~3 个峰值活化能为主导，低、高活化能占比少的特征。有学者研究认为，低活化能表征有机质中键能相对较低的 NSO 和长脂肪链结构，高活化能则可代表键能相对较高的短脂肪链结构的生成（He et al.，2018），且活化能分布最小值与成熟度具有明显关系（沈忠民 等，2004）。笔者以此按照大小将活化能分为低活化能、主峰活化能、高活化能 3 组，分别对应小于 47 kcal/mol、47~52 kcal/mol 和大于 52 kcal/mol 活化能值范围，统计了各活化能分组所占比例。

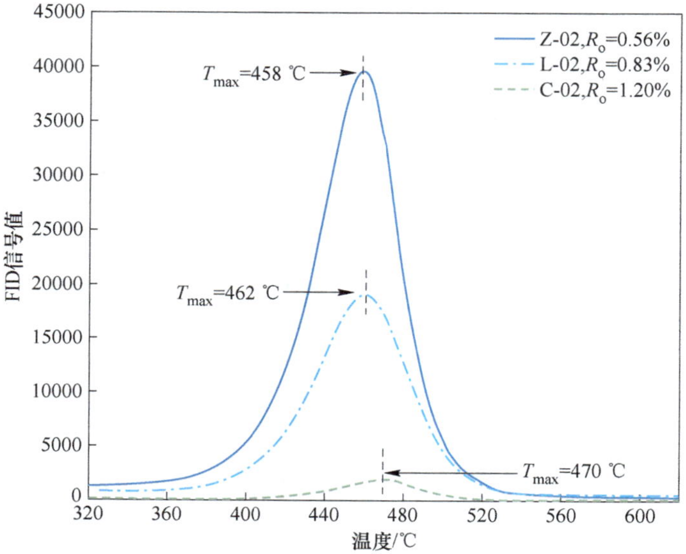

图 3-8　10 ℃/min 升温速率条件下热解不同成熟度样品的生烃潜力

图 3-9 和图 3-10 中可以明显看出，随着成熟度的增加，天然干酪根样品的最高峰活化能没有明显变化，都为 49 kcal/mol，但低活化能区域占比从 2.4% 降至 1.82%，主峰活化能区从 93.78% 降至 89.62%，高活化能区占比从 2.96% 增加到 8.58%，整体分布呈明显右移。人工模拟样品也有相似的活化能变化规律，即低、主峰活化能组占比下降、高活化能组占比增加。从活化能变化特征的角度可以认为，半开放-半封闭体系模拟能很好地反映天然成熟过程，用人工模拟后的不同成熟度样品进行活化能测试得到的实验结果可信度高。此外，所有样品平均活化能与 R_o 表征的成熟度也具有非常好的线性关系（见图 3-11），相关系数 $R^2 \approx 0.69$，符合"随成熟度增加活化能增大"的普遍认知。

3.3.3　不同 TOC 含量干酪根活化能特征

除成熟度外，总有机碳（TOC）含量（质量分数）也是原位转化中不可忽视的参数之一，对于页岩转化产烃能力和资源评价十分关键。同时，有研究表明，延长组 7 段底部页岩非均质性较强，不同总有机碳、S_2 含量的烃源岩呈现出的活化能分布和生烃过程有很大差别。

本研究所选的天然样品岩性为灰黑色页岩、油页岩，总有机碳含量为 2.06%～26.8%，基本涵盖了延长组 7 段底部页岩的 TOC 含量范围。延续上一节中采用的低活化能、主峰活化能、高活化能的分类方式，得到的不同 TOC 含量活化能分组占比和平均活化能变化见表 3-4。可以看出，在成熟度相近的情况下，随着

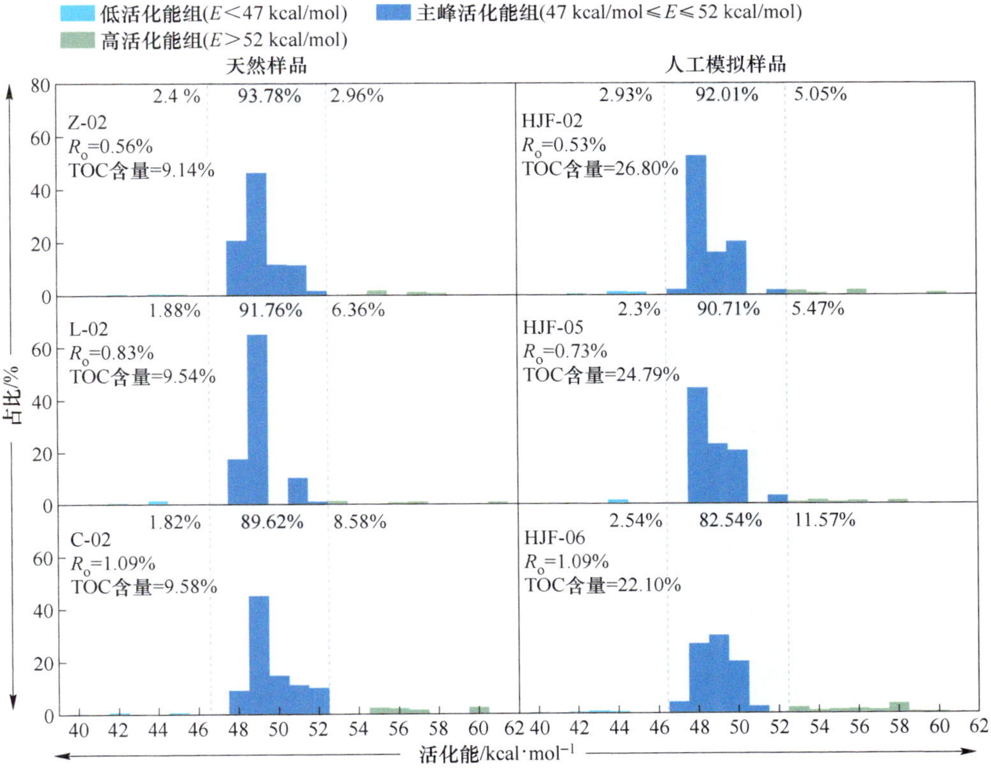

图 3-9 天然、人工模拟样品不同成熟阶段干酪根活化能分布

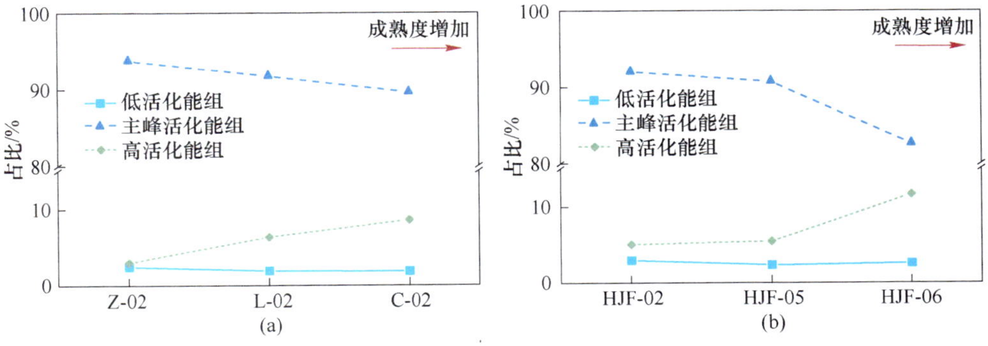

图 3-10 天然（a）、人工（b）模拟样品不同成熟阶段干酪根各活化能组占比变化

TOC 含量的增加，主峰活化能组有下降趋势，意味着 TOC 含量较高的样品生烃、排烃所需能量相对更低。如果忽略成熟度，将所有样品的动力学特征按照 TOC

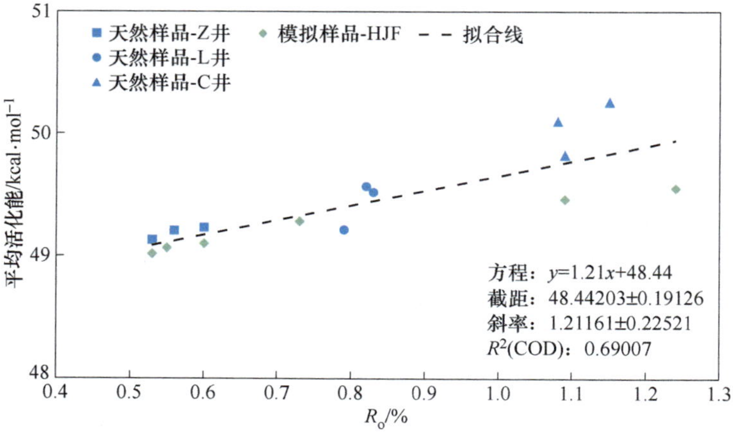

图 3-11　平均活化能随成熟度增加变化趋势

含量的大小不同进行比较，平均活化能、活化能分布等参数的规律并不明显，可以认为 TOC 含量对于活化能有影响，但不是主要因素。

表 3-4　不同 TOC 含量活化能分组占比和平均活化能变化情况

样品编号	R_o /%	TOC 含量 /%	活化能分组占比/%			平均活化能 /kcal · mol^{-1}
			低活化能组 (E <47 kcal/mol)	主峰活化能组 (47 kcal/mol≤E≤52 kcal/mol)	高活化能组 (E >52 kcal/mol)	
Z-01	0. 53	3. 94	2. 48	95. 15	2. 38	49. 12
L-01	0. 79	3. 25	2. 46	92. 75	4. 79	49. 01
C-01	1. 08	2. 06	2. 92	79. 81	14. 27	50. 08
Z-02	0. 56	9. 14	2. 40	93. 78	2. 96	49. 20
L-02	0. 83	9. 54	1. 88	91. 76	6. 36	49. 51
C-02	1. 09	9. 58	1. 82	89. 62	8. 58	49. 80
Z-03	0. 79	18. 27	2. 11	93. 87	4. 02	49. 22
L-03	0. 82	20. 8	2. 06	89. 23	8. 71	49. 57
C-03	1. 12	19. 73	1. 16	89. 31	9. 53	50. 24

总有机碳含量表示干酪根中的相对碳质量，是决定油气生成潜力的重要有机质丰度参数（Tissot et al. ，2013）。许多研究表明，TOC 含量与表征活性干酪根热解生烃数量的 S_2 参数呈现正相关关系，本研究中也发现了同样的特征，如图 3-12 所示。因活化能分布和温度-转化率曲线仅反映了相对特征，现按照不同 TOC 含量样品实际实验室热解生烃量 S_2 重新绘制温度-生烃潜力关系图，如

图 3-13 所示。图中可以非常清晰地看出，TOC 含量越高，热解潜力越大，TOC 含量高达 20% 以上的 HJF 样品即使在 R_o 为 1.09% 的相对高成熟阶段，生烃潜力也比 TOC 含量相对少的低熟 Z-01、Z-02 样品大。

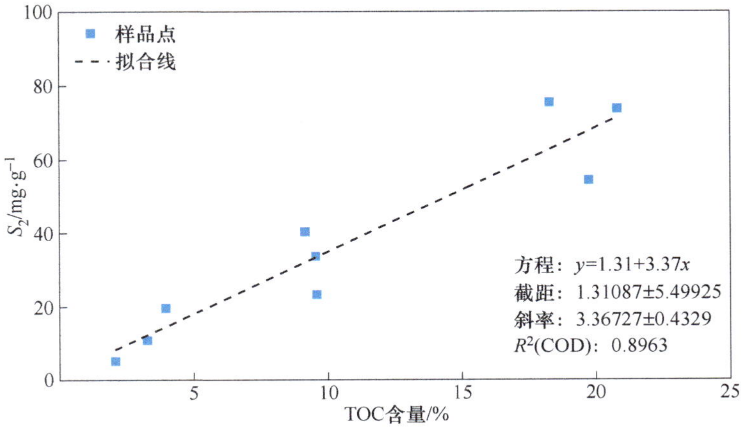

图 3-12 TOC 含量与 S_2 的关系

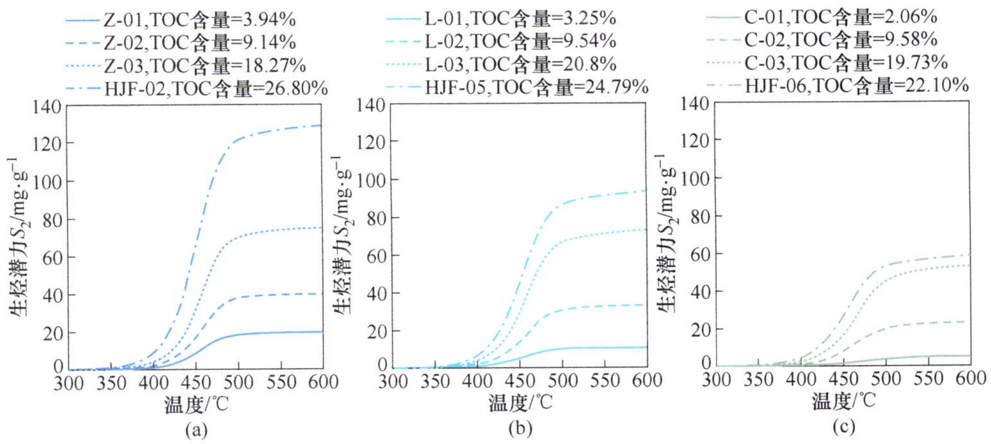

图 3-13 10 ℃/min 升温速率条件下不同 TOC 含量样品的温度-生烃潜力关系
(a) Z-01 样品；(b) L-01 样品；(c) C-01 样品

3.3.4 页岩、干酪根与滞留油活化能特征对比

地质条件下生烃母质以干酪根为主，通过干酪根热解活化能的研究可以从机理上认识生烃动态过程。许多学者研究了开放体系下低熟全岩和对应干酪根的升

温热解机理，认为它们的活化能等动力学参数是相似的（Tegelaar et al.，1994；Reynolds et al.，1995；Petters et al.，2018），因为在低熟条件下，除非受到运移的油气或油基钻井添加剂的污染，大多数低成熟的烃源岩的滞留油含量非常低（Petters et al.，2015）。但是，在鄂尔多斯盆地延长组7段的原位转化中，中等成熟度页岩也可作为转化潜在对象，此成熟阶段页岩中的滞留油也可加热二次裂解，且其原位转化机理可能与干酪根有较大差异，因此非常有必要在分析干酪根生烃特征的同时对页岩和滞留油的不同成熟阶段活化能变化进行研究和表征。

依照对不同成熟阶段干酪根活化能表征的方法，同样对相同实验条件下热解、计算后得到的页岩活化能分为低活化能、主峰活化能、高活化能3组，分别对应小于47 kcal/mol、47～52 kcal/mol和大于52 kcal/mol活化能值范围，得到的活化能分布如图3-14所示。

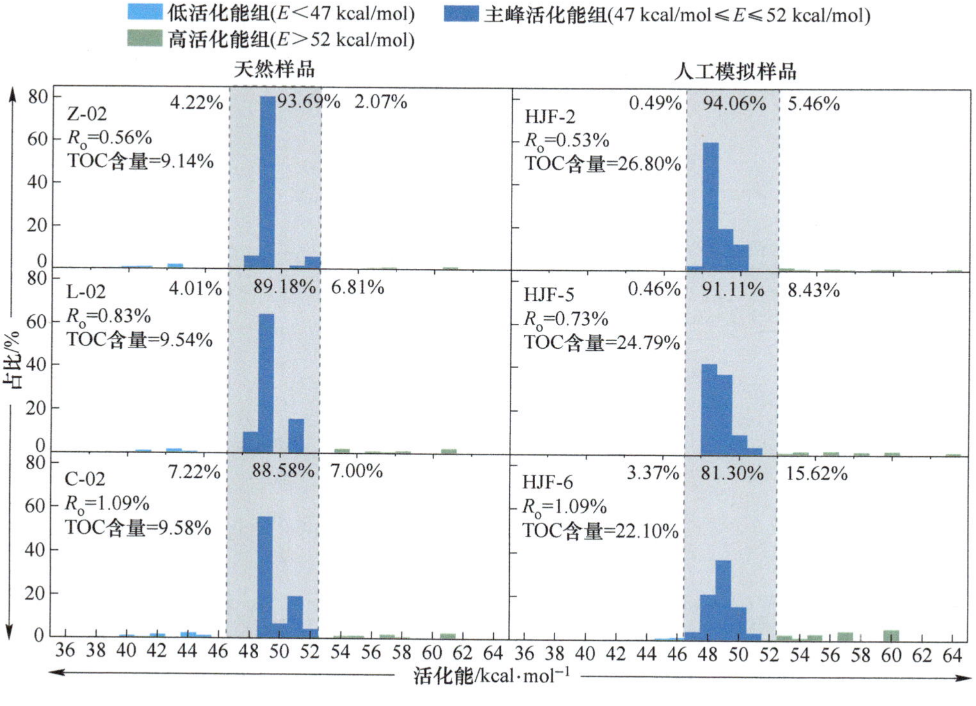

图3-14　天然、人工模拟样品不同成熟阶段页岩活化能分布

镜质体反射率 R_o 通常用来表征成熟度。经对比可以发现，天然页岩样品不同成熟阶段低活化能组的占比均大于对应干酪根样品，R_o 为1.09%时页岩低活化能组的占比与干酪根之差最大，可达5.4%。这样的差异直接体现在页岩生烃所需的起始温度比干酪根的低，如图3-15所示。

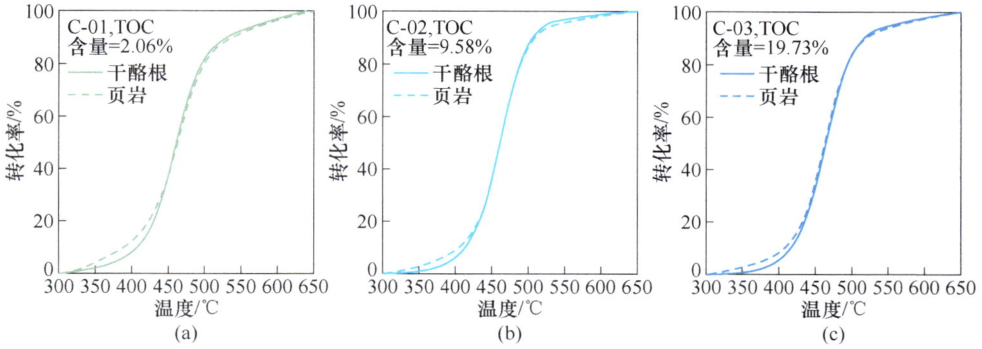

图 3-15 C 井干酪根、页岩样品生烃转化曲线差异
(a) C-01 样品；(b) C-02 样品；(c) C-03 样品

与干酪根各组分活化能动态变化特征不同，页岩活化能分布在 $E<47$ kcal/mol 的低活化能区域的占比在成熟过程中反而有所增加。一些研究者在发表的文章中也指出这样的现象（卢双舫 等，2017；Romero-Sarmiento et al.，2016），卢双舫等人（2017）和黎琼等人（2014）对抽提前、后的低熟岩石样品分别计算了生烃活化能，发现初次生烃的残留烃对二次生烃有贡献，尤其处于主烃期阶段的样品中残留有大量初次生烃产物，在加热过程中进行了二次裂解。滞留油（沥青）作为干酪根生烃的中间产物，一般认为其裂解断键所需能量比较小（Ma et al.，2020c）。

本研究对滞留油也进行了与干酪根和页岩相同条件的热解实验，得到升温速率为 10 ℃/min 的条件下生烃转化曲线和活化能分布，如图 3-16 所示。Z-02、L-02 及 C-02 样品的最佳拟合频率因子分别为 2.99×10^{8} s^{-1}、7.79×10^{5} s^{-1} 和 6.59×10^{6} s^{-1}，活化能都处于低值范围，最高不超过 45 kcal/mol，与页岩低活化能组的分布特征非常相似，可以很好地解释页岩与干酪根低活化能组之差随成熟阶段增大的变化规律，认为滞留油是造成未抽提页岩的生烃起始活化能（低活化能组）和温度明显低于干酪根（或抽提后）样品的主要原因。

结合 Ma 等人（2020）的热模拟结果，并分析图 3-14 呈现的人工模拟后样品 HJF-2、HJF-5、HJF-6 的热解活化能分布、平均活化能特征，可以进一步得到对延长组 7 段页岩、干酪根和滞留油生烃的详细认识：HJF-2 成熟度低，样品中几乎没有烃类滞留，热解可得到完整的生烃动力学特征；HJF-6 为加热至 380 ℃后取出的样品，样品中包含大量滞留烃，进行开放热解（二次生烃）时样品中包含的滞留烃一部分在 300 ℃前通过挥发、吹扫形成 S_1 峰，但也有一部分滞留烃吸附在页岩中，随后裂解生烃被 S_2 峰记录，其断键需要的能量小，所以在低活化能值处有所体现；HJF-5 样品介于 HJF-6 和 HJF-2 之间，测得干酪根 R_o 为

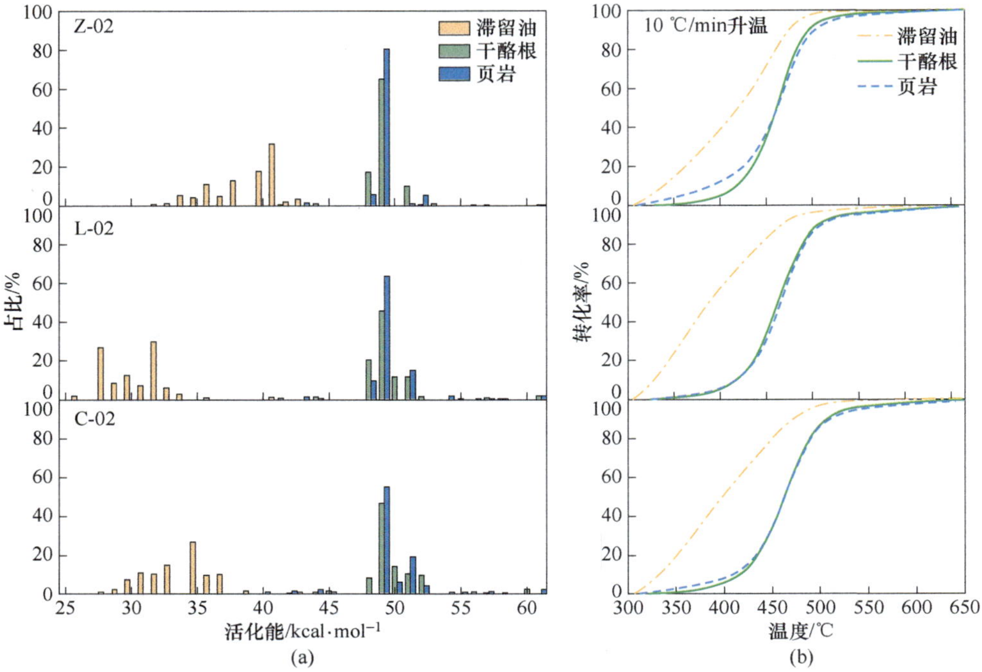

图3-16　滞留油、干酪根及页岩活化能分布（a）和温度-转化率曲线（b）

0.73%，处于生油期，存在滞留烃但比HJF-6样品少，低活化能部分也反映了滞留烃断键所需能量。此外，Han等人（2014）通过Py-GC热解也计算得到了延长组7段页岩不同组分活化能分布，低活化能（$E<47$ kcal/mol）部分主要代表$C_7 \sim C_{15}$和$C_{16} \sim C_{25}$组分，与Ma等人（2020）对滞留油组分分析的结果一致。

3.3.5　干酪根结构与活化能分布的关系

3.3.5.1　干酪根结构测试方法

许多实验手段都可以完成对干酪根的化学结构和演化过程分析，这些测试根据对样品的处理方式主要可分为两类：（1）不破坏样品的直接分析法；（2）将干酪根热解或通过化学方法降解成为小分子，不同组分结构分别表征的间接分析法（Kelemen et al.，2007）。直接分析技术一般用于干酪根的固态化学表征，反映样品的平均化学结构特征，常见分析方法包括傅里叶变换红外光谱（FT-IR）、固体^{13}C核磁共振（^{13}C NMR）、X射线光电子能谱（XPS）及X射线吸收近边结构（XANES）等，不同的分析方法可提供的样品结构信息各异（Hou et al.，2020）。

在这些分析方法中，核磁共振和傅里叶变换红外光谱的用途最为广泛（秦匡宗等，1995）。红外光谱在鉴定官能团方面具有重要作用，可以提供包括碳、氢和氧在内的不同官能团的相对丰度信息。固体^{13}C核磁共振是一种研究不溶物质结构的有效方法，碳谱能够揭示碳的骨架化学结构特征、芳香族碳基、脂肪族碳基及其亚基的成键环境和连接强度（Mao et al.，2004）。此外，通过这两种分析技术可以计算半定量的参数，用来指示芳碳率（Fa）、芳脂比（Fa/Fal）、芳氢率、平均芳核尺寸大小等（Kelemen et al.，2007）。本研究对有机质结构的测试采用傅里叶变换红外光谱与固体^{13}C核磁共振相结合的方法。

红外分析按照《傅立叶变换红外光谱仪》(GB/T 21186—2007）中所描述方法进行，以1∶100的比例分别称取干酪根粉末和溴化钾，在研钵中充分研磨混合均匀，之后进行真空压片处理，保证压片透明、无黑点和裂纹。分析在Nicolet 6700红外光谱仪上进行，测量波数范围为4000～400 cm^{-1}，分辨率为4 cm^{-1}，在样品之前先扫描空白谱作为背景。固体核磁共振实验在Bruker AVANCE Ⅲ 400仪器上进行，采用DP/MAS共振方法，MAS旋转频率14 kHz（Wei et al.，2005）。常见的有机质核磁共振表征一般对^{13}C或^{1}H谱进行研究，^{13}C谱化学位移范围为$0 \sim 250 \times 10^{-6}$，比$^{1}H$谱的$0 \sim 10 \times 10^{-6}$识别分辨率高，本研究采用固体$^{13}C$核磁共振方法进行实验。

3.3.5.2　傅里叶变换红外光谱特征

鄂尔多斯盆地延长组7段不同TOC含量、成熟度干酪根的傅里叶变换红外光谱（FT-IR）如图3-17所示，其中展示了延长组7段地层中9块天然干酪根样品的测试结果。参考早期的研究成果，不同波数范围对应各自不同的吸收峰振动形式和结构见表3-5。

表3-5　红外光谱各官能团吸收波数范围与对应吸收峰振动形式和结构

吸收波数范围或位置/cm^{-1}	对应吸收峰振动形式和结构
750～870	芳核C—H变形振动
1000～1300	醚中C—O、C—O—C的伸缩振动和C—N等杂原子基团的变形振动
1372	CH_3对称变形振动
1441	CH_3不对称变形振动和CH_2对称变形振动
1620	芳香族 C═C 伸缩振动
1700	羰基和羧基中 C═O 的伸缩振动
2851	CH_2对称伸缩振动
2874	CH_3对称伸缩振动
2899	CH伸缩振动
2920	CH_2不对称伸缩振动
2953	CH_3不对称伸缩振动
3100	芳香族C—H伸缩振动

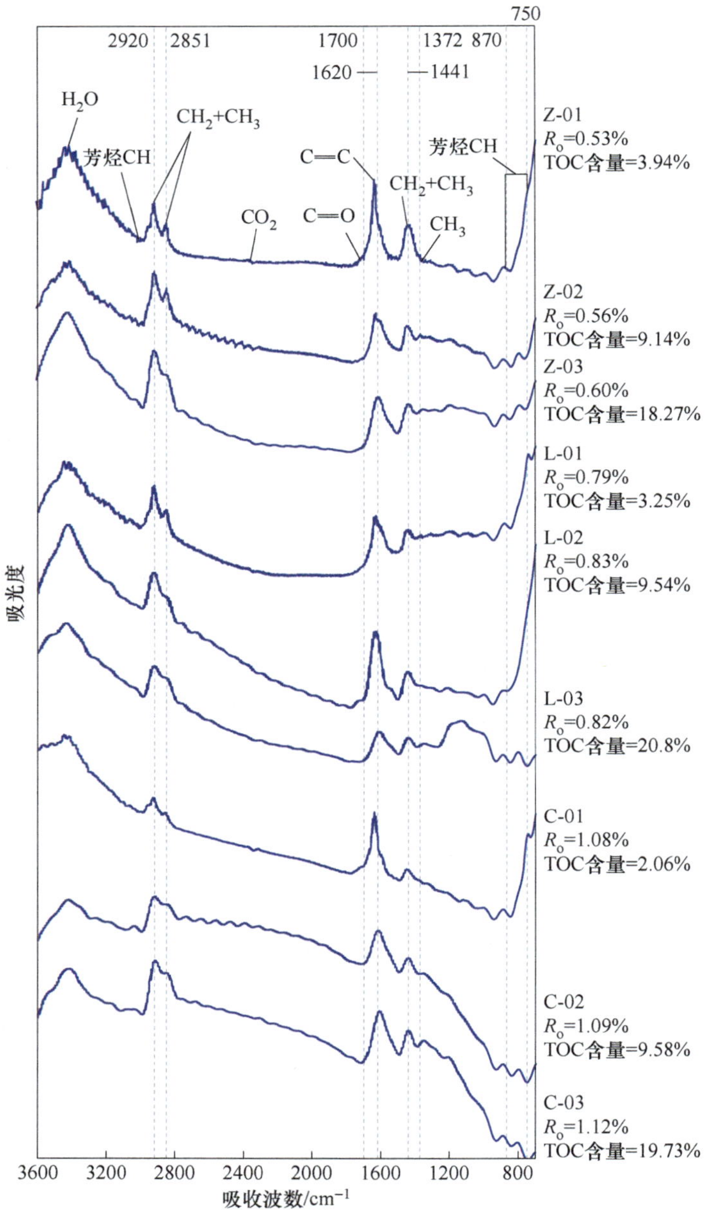

图3-17　延长组7段不同TOC含量、成熟度干酪根的傅里叶变换红外光谱特征

A　脂肪族官能团结果分析

图3-17显示2800～3000 cm^{-1}两个突出区域，代表脂肪族CH的伸缩振动。该区域包含官能团的重要信息，而且多个峰发生叠合现象，仅从图3-17中不能

清晰地辨别各自特征，因此需要进行分峰拟合操作。研究中采用 Peakfit v4.12 软件利用高斯函数进行了曲线拟合分析，通过光谱二阶导数的零点确定各个拟合峰的位置。图 3-18 为 Z-01 样品的分峰拟合结果，其余样品拟合方法和结果准确性一致。拟合结果表明，2920 cm^{-1} 和 2851 cm^{-1} 处均出现了 2 条曲线的最强吸收峰，分别对应着 CH_2 的不对称和对称伸缩振动（见图 3-18 中①、③），说明延长组 7 段干酪根脂肪族碳结构中以亚甲基碳为主体。在 2890 cm^{-1} 附近出现的峰为 CH_3 对称伸缩振动和 CH 伸缩振动综合叠加的结果，2953 cm^{-1} 对应着 CH_3 不对称伸缩振动峰，这两个峰的强度都比 CH_2 峰小，推测干酪根脂肪族碳中也有甲基的存在，但占比少于亚甲基。

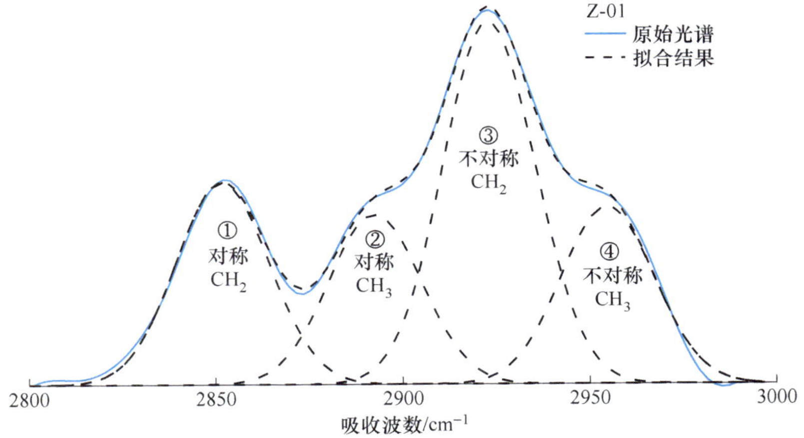

图 3-18 2800 ~ 3000 cm^{-1} 分峰拟合结果

1380 ~ 1460 cm^{-1} 代表甲基和亚甲基的变形振动范围。1372 cm^{-1} 处出现 CH_3 的对称变形振动，1441 cm^{-1} 尖峰由 CH_3 不对称变形和 CH_2 的对称变形振动叠合而成，峰值始终高于 CH_3 对称变形振动峰。

随着样品成熟度的增加，不对称、对称 CH_2 峰值均呈现下降趋势，尤其是 $R_o \approx 0.85\% \sim 1.1\%$ 阶段脂肪族吸光度显著减小；相对地，CH_3 与 CH_2 峰面积比逐渐上升，表征脂肪族侧链分支化程度变高，即脂肪链长度减小。相同成熟度情况下，Z 井、L 井的高 TOC 含量样品在 2851 cm^{-1} 处对应的 CH_2 对称伸缩振动吸收峰明显呈低值，有随 TOC 含量增大而减小的演变趋势，而成熟度相对较高的 C 井有 3 块不同 TOC 含量干酪根红外光谱特征恰好相反，2851 cm^{-1} 峰强度随 TOC 含量增大而增大。CH_3 对称变形振动吸收峰（1372 cm^{-1}）在高 TOC 含量样品的峰值更高，CH_3 不对称变形和 CH_2 对称变形振动峰（1441 cm^{-1}）在 R_o 相对低时（Z 井、L 井样品成熟度范围）与 TOC 含量负相关，到主烃期后（C 井样品成熟度范围），反而随 TOC 含量增大而变大。

B 芳香族官能团结果分析

芳构环的存在主要体现在1620 cm^{-1}附近的 C═C 伸缩振动峰上，对于大多数样品，这个峰值是最高的。特别是TOC含量约为3%的3块样品峰形尖锐，峰值明显高于其余较高TOC含量样品，且峰值位于1620 cm^{-1}偏左位置，其余样品的 C═C 峰则恰好在1620 cm^{-1}处或稍偏右，体现出不同TOC含量干酪根内部芳香结构的差异性。除主要的 C═C 伸缩振动峰外，3100 cm^{-1}处和750～870 cm^{-1}范围内也可见一些峰群，分别代表芳香族C—H的伸缩振动和变形振动。两个峰在成熟度低时较弱，随成熟度增加逐渐有所显现，高TOC含量样品的峰值比低TOC含量要强一些。芳香族官能团的出现与脂肪族官能团的减少相吻合，也与许多学者的研究一致（秦匡宗 等，1995）。

C 杂原子基团相关官能团结果分析

在约3400 cm^{-1}处可见一较高峰值，与测试环境中的 H_2O 含量有较大关系，不能完全代表—OH相关伸缩振动情况。一些样品在 C═C 峰左侧约1700 cm^{-1}处出现了 C═O（羟基）峰，相对高成熟度、高TOC含量样品的峰值明显，而低熟样品在此处几乎没有信号出现。1000～1300 cm^{-1}代表C—O和C—O—C（醚键）的伸缩振动及N、S等一些杂原子基团的伸缩振动，这些峰值都较低且宽，从低熟到成熟过程中信号逐渐变弱。

3.3.5.3 固体核磁共振特征

鄂尔多斯盆地延长组7段9块天然干酪根样品的固体^{13}C核磁共振（^{13}C NMR）光谱如图3-19所示。

前人研究表明，碳化学位移是反映碳核化学环境的一个参数（Žujovic et al.，1995），根据不同位移可以在碳谱中分离出几个含有不同结构碳官能团的单元：（1）脂肪族碳（Fali，化学位移为0～95×10^{-6}）；（2）芳香族碳（Faro，化学位移为95×10^{-6}～165×10^{-6}）；（3）羧基和羟基碳（COO和 C═O，化学位移分别为165×10^{-6}～195×10^{-6}和195×10^{-6}～220×10^{-6}）（Wei et al.，2005；Gao et al.，2017）。由于干酪根结构中碳键状态和取代基的复杂性，这些结构单元并不是具有特定化学位移的单一尖峰，而是以多个峰叠加而成的复合峰形式出现（Pugmire et al.，1989），特别是0～95×10^{-6}和95×10^{-6}～165×10^{-6}所对应的脂肪族碳和芳香族碳单元还可以进一步细分为特定的碳官能团，见表2-13。为了量化干酪根中不同碳类型的相对比例，有必要对这些复合峰进行分离拟合。参照已有研究的核磁共振碳谱对应的位移数据，采用与傅里叶红外光谱曲线相同的处理方法对9条曲线中的脂肪族、芳香族碳单元分别进行了拟合。图3-20示意了Z-01样品0～65×10^{-6}位移范围的分峰拟合结果，拟合峰与实测峰曲线基本重合，效果非常好。其余峰用MestReNova软件直接切割获得。

通过对核磁共振谱图不同位移对应峰面积的计算，可以得到各个官能团的相

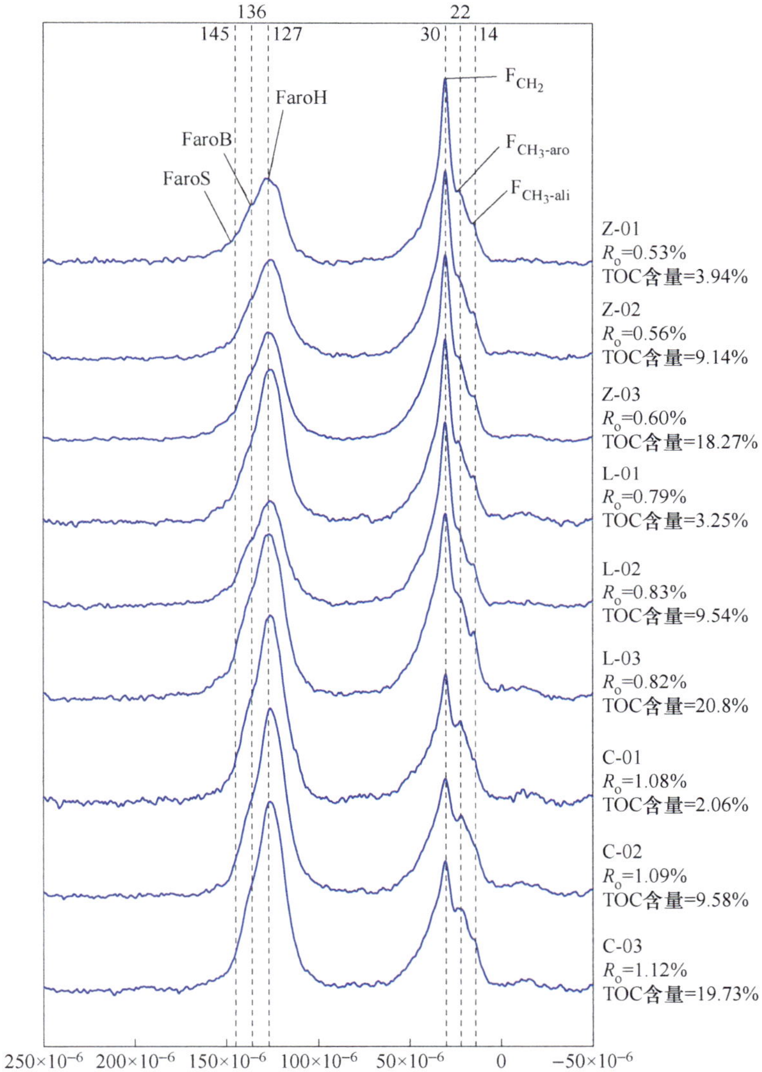

图 3-19 鄂尔多斯盆地延长组 7 段 9 块天然干酪根样品的^{13}C NMR 光谱

对丰度，结果见表 3-6。许多学者基于各官能团峰面积的相对百分比构建了一些定性的参数，如芳碳率、平均脂肪链碳数等（Kelemen et al.，2007；Mao et al.，2004）。本研究中采用以下几个参数：（1）F_{ali}（脂碳率），代表脂肪族碳占所有碳比例；（2）F_{aro}（芳碳率），代表芳香族碳占所有碳比例；（3）X_{bp}，代表桥接芳香碳与外围芳香族碳的比例，通过桥接芳香碳除以其余芳香碳总和计算得出。

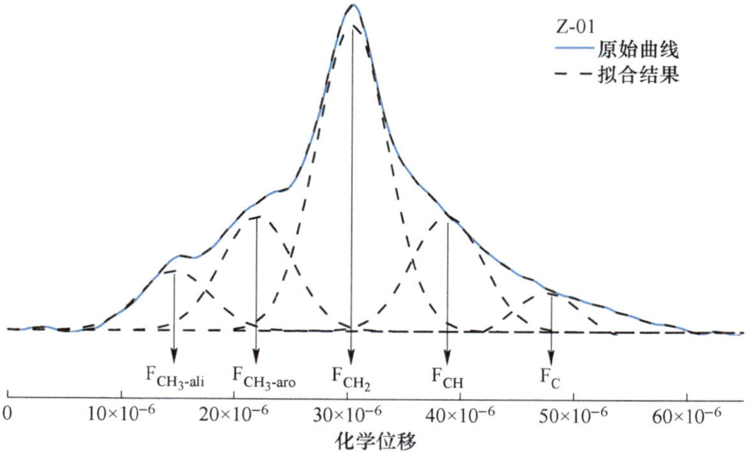

图 3-20　分峰拟合结果示意图

图 3-19 与表 3-6 综合反映出相同成熟度样品的核磁共振谱图特征比较相似，随着成熟度的增加，各官能团发生一些规律性的变化。

表 3-6　各官能团的相对丰度与计算参数

样品编号	R_o /%	TOC 含量 /%	脂肪族碳/%						芳香族碳/%				F_{ali} /%	F_{aro} /%	X_{bp} /%
			$F_{CH_3\text{-}ali}$	$F_{CH_3\text{-}aro}$	F_{CH_2}	F_{CH}	F_C	F_O	FaroH	FaroB	FaroS	FaroP			
Z-01	0.53	3.94	4.89	9.75	26.13	14.00	2.16	0.88	23.58	7.68	8.38	2.56	57.8	42.2	22.23
Z-02	0.56	9.14	5.01	9.73	26.00	9.78	4.14	1.44	25.79	8.73	6.32	3.05	56.1	43.9	24.84
Z-03	0.60	18.27	4.84	9.79	25.67	10.53	4.90	0.57	25.96	6.97	8.38	2.4	56.29	43.71	18.98
L-01	0.79	3.25	7.2	8.25	18.46	12.20	1.73	1.70	28.08	7.99	11.82	2.56	49.54	50.46	18.83
L-02	0.83	9.54	5.16	9.34	19.85	8.96	3.72	0.61	32.82	9.29	7.06	3.19	47.64	52.36	21.58
L-03	0.82	20.8	5.03	9.32	17.02	10.14	5.04	0.67	35.10	7.26	8.02	2.40	47.22	52.78	15.95
C-01	1.08	2.06	4.17	7.71	12.46	10.52	1.16	0.94	38.45	8.73	12.72	3.14	37.0	63.04	16.08
C-02	1.09	9.58	4.12	9.09	15.03	8.90	0.30	0.95	36.08	13.64	8.40	3.49	38.39	61.61	28.43
C-03	1.12	19.73	4.57	8.64	13.9	10.98	1.81	0.59	40.69	7.56	8.73	2.51	40.5	59.51	14.56

A　脂肪族碳官能团结构分析

在图 3-20 中可以明显看到化学位移范围为 $0\sim65\times10^{-6}$ 内的 3 个主要尖峰，分别代表脂肪族甲基碳（14×10^{-6}）、与芳香环相连的脂肪甲基碳（22×10^{-6}）及脂肪族亚甲基碳（30×10^{-6}）。9 块样品核磁谱图均在 30×10^{-6} 出现最高峰，这与红外光谱（见图 3-17）中 2920 cm^{-1} 和 2851 cm^{-1} 处的亚甲基对称、不对称伸缩振动一致。$35\times10^{-6}\sim65\times10^{-6}$ 位移归属于脂肪族次甲基碳和季碳，在谱图中信号弱，仅通过分峰的方法可以辨认。$65\times10^{-6}\sim95\times10^{-6}$ 位移范围内的信号更加弱，说明氧接碳含量很低。

在低成熟度时，脂肪族碳峰的面积明显大于芳香族碳峰，脂碳率 F_{ali} 均在 50%以上，两部分峰面积随成熟度增加逐渐接近，直到 R_o 约为 1.1%，芳香族碳反超脂肪族占主导地位，表明在低成熟度时干酪根的主要组成部分和生油气主力结构是脂肪族碳，芳香碳和羟基、羧基碳大部分是通过脂肪族碳的消耗转变得到的。脂肪碳结构中随成熟度变化最为明显的是亚甲基碳，F_{CH_2} 从约 25%下降至不足 15%，$F_{CH_3\text{-aro}}$、F_{CH_3} 与 F_{CH} 同样也呈现相似下降特征；脂肪族甲基碳在低成熟度时占比低，中成熟度时增加，后又在 R_o 约为 1.1% 的主烃期后减少。整体来看，虽然成熟过程脂肪族碳都在减少，但 F_{CH_2} 的下降程度比 $F_{CH_3\text{-aro}}$ 和 $F_{CH_3\text{-ali}}$ 陡峭得多，主烃期后甲基碳有慢慢富集的趋势，这个现象与 Gao 等人(2017)对 Ⅰ 型干酪根的研究一致。成熟度相同的情况下，不同 TOC 含量样品的脂肪族碳结构特征基本相似。

B 芳香族碳官能团结构分析

芳香族碳结构化学位移范围在 $95\times10^{-6}\sim165\times10^{-6}$ 之间，最为明显的是芳香族氢接碳 FaroH、桥接碳 FaroB 和侧接支链碳 FaroS 3 个峰，分别对应 127×10^{-6}、136×10^{-6} 和 145×10^{-6}。芳香族碳中 FaroH 显示最高峰值，且由于脂肪族碳的贡献使得其信号随成熟阶段越来越强，多者甚至增加一倍，这样的变化特征与红外光谱 1620 cm^{-1} 处相对应。化学位移在 $129\times10^{-6}\sim165\times10^{-6}$ 的质子化芳香族碳（FaroB、FaroS 和 FaroP）是研究芳香族碳结构的重点参数（Kelemen et al.，2007），FaroB 表示桥接的芳香族碳，FaroS 代表芳香环上侧接支链的碳，两个参数的相对值可以反映芳香环数量的多少，Z 井 3 块低熟样品的 FaroB 和 FaroS 基本相当，表明干酪根的芳香族结构是单环与多环并存的。X_{bp} 参数一般用来表示芳香环的缩聚程度，多环芳香碳的 X_{bp} 较高（Wei et al.，2005；张蓬洲等，1993）。表 3-6 列出了 X_{bp} 随成熟度、不同 TOC 含量变化的特征，低成熟度样品 X_{bp} 分别为 22.23%、24.84% 和 18.98%，随成熟度增加变化不大，可认为延长组 7 段干酪根在 $R_o=0.5\%\sim1.1\%$ 的成熟度范围内并没有发生明显的芳香环缩聚。脂肪族碳的消耗会使芳香族碳的占比 F_{aro} 随成熟度增加而增大，图 3-19 中芳香碳族峰面积在 R_o 约为 1.1% 时明显大于脂肪族碳。此外，有学者研究认为 F_{aro} 随碳含量的增加而有所增大（崔景伟 等，2019），成熟度较低和中等的 Z 井、L 井样品基本满足这一特征，但是处于主烃期后成熟阶段的 C 井样品 F_{aro} 与 TOC 含量的关系并不明晰。

C　羟基与羧基碳结构分析

核磁谱图 $165 \times 10^{-6} \sim 195 \times 10^{-6}$ 和 $195 \times 10^{-6} \sim 220 \times 10^{-6}$ 范围分别对应羟基碳和羧基碳的峰信号，如图 3-19 所示，所有样品在此范围内的信号值都非常低，分辨较为困难，主要变化特征可以参照红外光谱，如图 3-17 所示。

3.3.5.4　干酪根结构与活化能分布关系

干酪根热解生烃过程是不同结构化学键断裂、重组的结果，不同母质在不同成熟阶段的断键行为不同，所需能量也有所差异。3.2 节和 3.3 节利用傅里叶红外光谱和核磁共振技术明确了延长组 7 段不同成熟阶段干酪根结构特征有所差异，而 TOC 含量对结构的影响比较小，这个规律与开放模拟实验获得的活化能分布特征相一致。该部分结合样品的基础地球化学参数、干酪根结构和活化能分布特征，选择 R_o、T_{max}、HI、H/C、O/C、F_{ali}、F_{aro}、低活化能组占比、主峰活化能组占比、高活化能组占比及平均活化能 11 个参数来进一步综合分析。图 3-21 表征了这些参数在不同成熟阶段的变化趋势，为方便对比，对所有参数都进行了归一化处理。

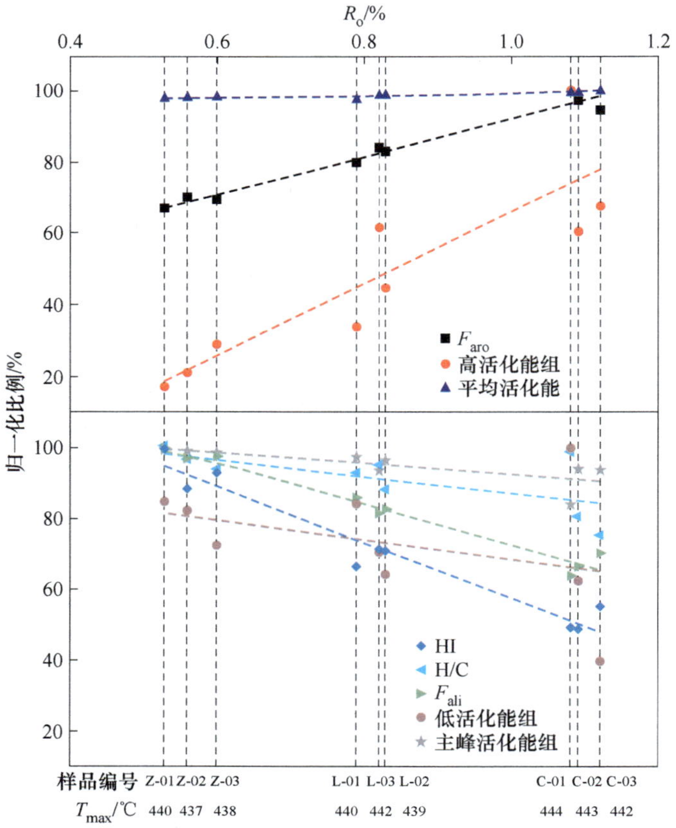

图 3-21　各参数在不同成熟阶段的变化趋势

平均活化能与高活化能组占比随成熟度增大的原因为干酪根结构中芳香族组分 F_{aro} 的增加，特别是在 C 井样品所处的主烃期后阶段，芳香族组分核磁共振峰明显超过了脂肪族组分，FaroH、FaroB 和 FaroS 也呈现相同的随 R_o 增大而上升的趋势。

HI、H/C、F_{ali} 随成熟度增加出现了下降趋势，表征干酪根成烃潜力的降低，同时低活化能组占比和主峰活化能组占比下降，在相对高成熟阶段生烃所需的低活化能减少，有机质断键更多地需要较高能量。

综上所述，低成熟度样品热解经历完整的生烃高峰前、中、后期阶段，而中成熟度样品已经完成了一部分生烃，据 Hou 等人（2020）研究，延长组 7 段干酪根在 R_o = 0.6% ~ 1.09% 范围内处于生烃高峰期，交联链和长脂肪链同时断裂，脂肪族 C—C 键断裂，碳链损失且分支化程度降低，有机质在这一阶段完成迅速分解；主烃期后的样品（R_o 约为 1.1%）二次生烃干酪根的贡献非常有限，更多是已生成烃类发生二次裂解，所以在对干酪根活化能分布的分析时发现活化能主要向高能区移动，而含有滞留油样品的页岩低活化能组含量也有增加。

3.4　基于活化能的原位转化动力学外推应用

原位转化需要其他能源作为加热动力，一般情况下，高加热温度和加热时间所需能耗更多。从转化机理的角度出发，有机质在过低温度或不充足加热时间的条件下难以完成规模生烃；而高加热温度、过长加热时间可能导致液态烃大量裂解成气，同时增加能量消耗，影响经济效益。根据前面阐述的延长组 7 段样品热解实验研究结果，同一有机质类型样品的总有机碳含量参数反映成烃潜力的高低，对转化能耗影响小，成熟度则是决定原位转化活化能最主要的因素。成熟度 R_o 大于 0.85% 时，滞留油的存在对整体生烃过程的影响已不可忽视，原位转化外推计算时采用不同成熟度页岩各自适合的动力学参数更为合理。特别地，除加热温度和时间外，岩石热传导等因素对原位转化耗能也有重要影响（崔景伟 等，2019），本研究没有对这些因素进行详细分析，仅针对原位转化最佳升温速率和温度的选择进行探讨。

壳牌 ICP 工艺专利方法中建议采用约 2 ℃/d 的升温速率（Wellingtons et al.，2005），一般在几个月到几年的时间内就可以完成转化生烃。本研究以 1 ℃/d 的升温速率为例计算了不同成熟阶段页岩各活化能组的原位转化所需温度范围，图 3-22 为不同成熟度条件下天然样品的温度-转化率和温度-成烃潜力曲线。在 1 ℃/d 的外推条件下，由于滞留烃的二次生烃作用所需能量小，C-02 样品初始生烃温度低，完成 10% 转化需要加热温度为 321 ℃，略低于 Z-02 和 L-02 样品对应的 324 ℃，但差别不大，此时生烃量均较低。转化率达到 50% 时处于主要生烃期，不同成熟度样品开始显现差别，成熟度越高，加热所需温度越高，从小至大分别为 357 ℃、360 ℃、366 ℃。低熟 Z-02 样品在 384 ℃左右可以达到 90% 转化，L-02 样品需要 396 ℃，C-02 样品需要 402 ℃。3 块样品原位转化条件下生烃期温度范围为 321～402 ℃，相同转化阶段不同成熟度对应温度差异最高可达 20 ℃。C-02 样品虽然起始生烃温度稍低，但其转化生烃潜力远不如成熟度较低的 Z-02、L-02 样品。

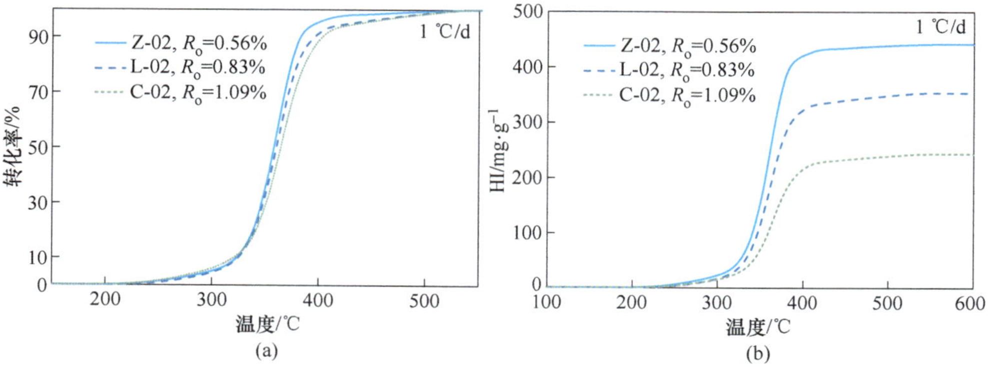

图 3-22　不同成熟度天然样品原位转化条件下温度-转化率（a）和温度-成烃潜力（b）曲线
（升温速率为 1 ℃/d）

通过对不同组活化能的归一化计算，得到对应的原位转化加热所需温度见表 3-7。各成熟度样品低活化能组 225～234 ℃即可开始转化，经过约 45 ℃可达到 90% 转化率，而该活化能组所占比例随成熟度增加呈现增大趋势，故可以认为：对于有已生成滞留烃的相对高熟样品在开始转化时能量利用效率较高，低加热温度就可使占比较大的低活化能组分完成生烃。主峰活化能组所占总比例具有压倒性优势，转化时集中生烃温度范围 330～393 ℃，和图 3-22 所示 3 块样品的生烃期（转化率为 10%～90%）基本重合。高活化能组分完成从 10%～90% 的转化所需温度跨度可达 100 ℃，需要能量消耗非常大，产出占比却很低，特别是成熟度越高的样品高活化能组占比也越高，同时产烃潜力与低熟样品相比明显不足。

综合分析后建议：快速升温到主烃期后慢速升温，充分转化至完成 90% 转化率，不同成熟度样品设置不同的主烃期温度范围。成熟度低（R_o 约为 0.5%）的烃源岩，主烃期温度范围 324～384 ℃；成熟度中等（R_o 约为 0.8%）的页岩需要约 396 ℃的更高转化结束温度；对于成熟度约 1.0% 或更高的页岩，因其生烃潜力较低且转化起始耗能大，认为已经不适合转化。

表 3-7　不同成熟度样品各活化能组达到固定转化率所需温度

样品编号	R_o /%	达到固定转化率所需温度/℃								
		低活化能组（E <47 kcal/mol）			主峰活化能组（47 kcal/mol≤E≤52 kcal/mol）			高活化能组（E >52 kcal/mol）		
		10%转化	50%转化	90%转化	10%转化	50%转化	90%转化	10%转化	50%转化	90%转化
Z-02	0.56	225	264	294	330	360	381	426	468	522
L-02	0.83	243	276	297	333	360	387	417	459	513
C-02	1.09	234	279	312	336	366	393	414	462	522

注：外推升温速率为 1 ℃/d；1 kcal＝4.184 kJ。

4　延长组7段典型页岩原位转化过程中储集特征的变化规律

4.1　原位转化作用对页岩储集特征影响的研究进展

4.1.1　热解升温速率、时间、含水率对页岩热解后物性变化的影响

关于原位加热后油页岩层的物性变化一直是制约油页岩原位开采经济效益性的重要因素。已有的研究（Tiwari et al.，2013；Bai et al.，2017）表明，加热温度越高，油页岩层物性改善越好，尤其是400～500 ℃下改善更为可观，但是如此高的温度需要的能耗可能远大于采出的油页岩油带来的效益，故在400 ℃以下如何减少油页岩原位开采的能耗、提高原位开采的效益成了该领域的重要攻关方向。对于油页岩原位开采来说，最重要的因素除了加热最终热解温度外，就是加热的升温速率、时间及油页岩本身的含水率。因此，徐良发等人（2018）开展了不同升温速率、加热时间和含水率作用下，最终热解温度为350 ℃的油页岩原位热解模拟实验，对热解后的油页岩样品进行了核磁共振分析，以探讨这些因素在油页岩原位热解过程中对其物性变化的影响，为油页岩原位转化开采现场试验方案设计提供依据与借鉴。实验结果显示，较小的升温速率有利于有机微孔的发育，升温速率的增大有利于微裂缝的发育；恒温时间的增加，可以改善油页岩的物性；高温水可能作为催化剂、反应物和溶剂参加反应，一方面有利于与有机质反应生成有机孔，另一方面高温水与油页岩矿物可能发生反应，提高了油页岩的孔隙度和渗透率，如图4-1所示。同样，这些因素对油页岩原位转化开采生成的油页岩油气量也展现了相应的积极影响（马中良 等，2017）。

因此，在实际原位转化开采过程中，可考虑减小升温速率，延长加热时间，以提高油页岩原位开采的效果。另外，长期以来，人们一直认为水的存在会产生更高的能耗，因为水的比热容远高于油页岩的比热容，油页岩层过高的含水量会增加能耗成本。但从本研究实验结果来看，水的存在对油气转化和物性改善都有着积极的作用，如果在适量水存在的情况下进一步提高出油率，则可以弥补由此增加的成本，针对具体地区，应因地制宜，制定相应的加热边界条件。

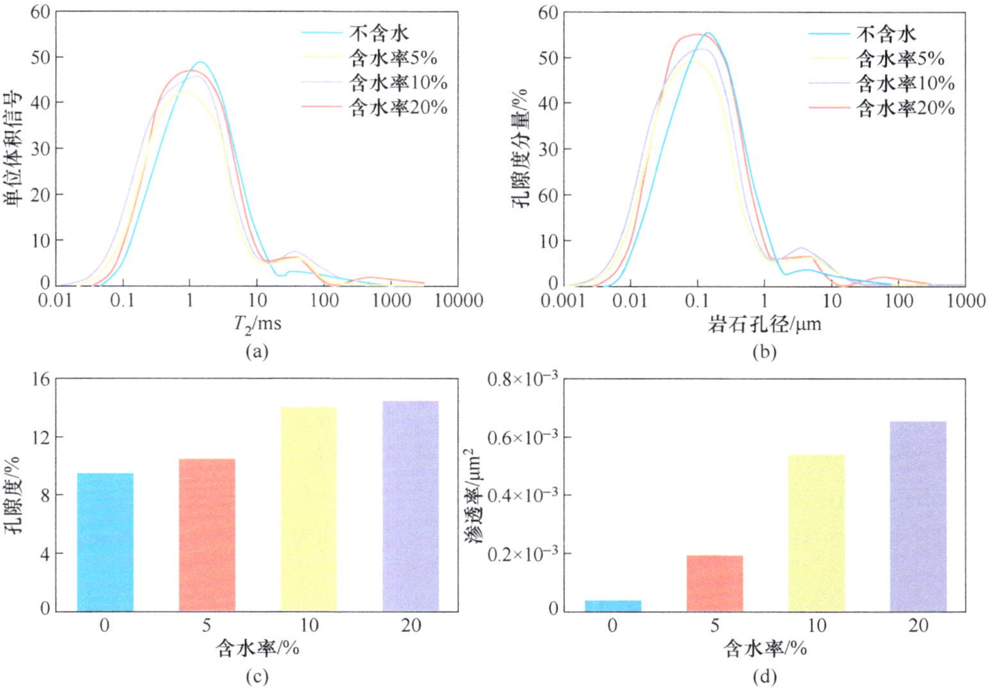

图 4-1　原位热解模拟实验中不同含水率油页岩物性演变特征

（据徐良发　等，2018）

（a）T_2 谱变化；（b）孔径分布变化；（c）孔隙度变化；（d）渗透率变化

4.1.2　热解作用对页岩储集特征演化的影响

国内外典型油页岩热解作用后产物的储集物性特征研究揭示，热解作用可以显著提高油页岩的孔隙度和渗透率。研究表明，美国 Green River 地层油页岩热解实验过程中产生了较大的孔隙网络结构（Tiwari et al.，2013），当热解温度达到 425 ℃时孔隙度增大 1%，当热解温度达到 500 ℃时孔隙度增大 3%，热解过程中产生的孔隙不均匀且高度依赖油页岩中干酪根的分布状况。相关研究进一步发现，油页岩平均孔径在 390～400 ℃出现了显著增大，由 0.001 μm 增大到 12.000 μm。新疆吉木萨尔油页岩热解后孔隙度和孔隙分布的不均匀性均有所增大，大孔隙占比增大了 0.83%，小孔隙占比减小了 0.52%，并且有沿着层理发育的裂缝（王玮，2015）。基于 X 射线衍射、热重、红外、质谱等方法，辽宁抚顺和新疆吉木萨尔油页岩的原位加热实验发现（刘志军，2018），300～550 ℃阶段有机质热解和无机矿物破裂促使油页岩平均孔径、孔隙度和渗透率显著增大；同时，孔径间连通性增强，550～650 ℃阶段平均孔径与孔隙度的增大与碳酸盐分解和矿物结构破坏有关，渗透率的增大幅度趋于平缓。除了孔隙网络空间的增大，黑龙江大庆和辽宁抚顺油页岩样品热解过程的压汞法分析还发现（赵静，2014），在页岩油蒸气和燃气释放后，孔隙迂曲度大幅减小（由2.218（20 ℃）减小到2.041(600 ℃)），孔隙表面粗糙度增大。

由于热裂解和干酪根热解，油页岩在原位热解过程中形成大量微尺度裂缝，为热流体的注入提供了连通通道。在2 μm和12 μm像素条件下，Saif等人（2016，2017a，2017b，2018）采用CT扫描技术，观测了Green River地层油页岩在热解过程中由于干酪根热转化生烃导致的岩石内部孔隙结构的变化，并量化计算了孔隙空间体积和连通性，分析发现，热解温度在400～500 ℃时，孔隙度显著增大，平均孔隙度由8.9%增大到21.9%，大量的不连通孔隙逐渐连通，热解生成的微米级连通孔道主要沿富有机质的层状结构发育，如图4-2所示。在0.8 μm像素条件下，进一步结合CT扫描技术、超高分辨率自动扫描电镜、矿物学自动定量分析（MAPS Mineralogy）和聚焦离子束显微镜技术（FIB-SEM），进行热解温度在380～420 ℃阶段的油页岩热解多尺度研究，实验观测到在油页岩无机矿物基质中存在具有良好连通性的有机质孔隙，同时在部分分解和未转化的

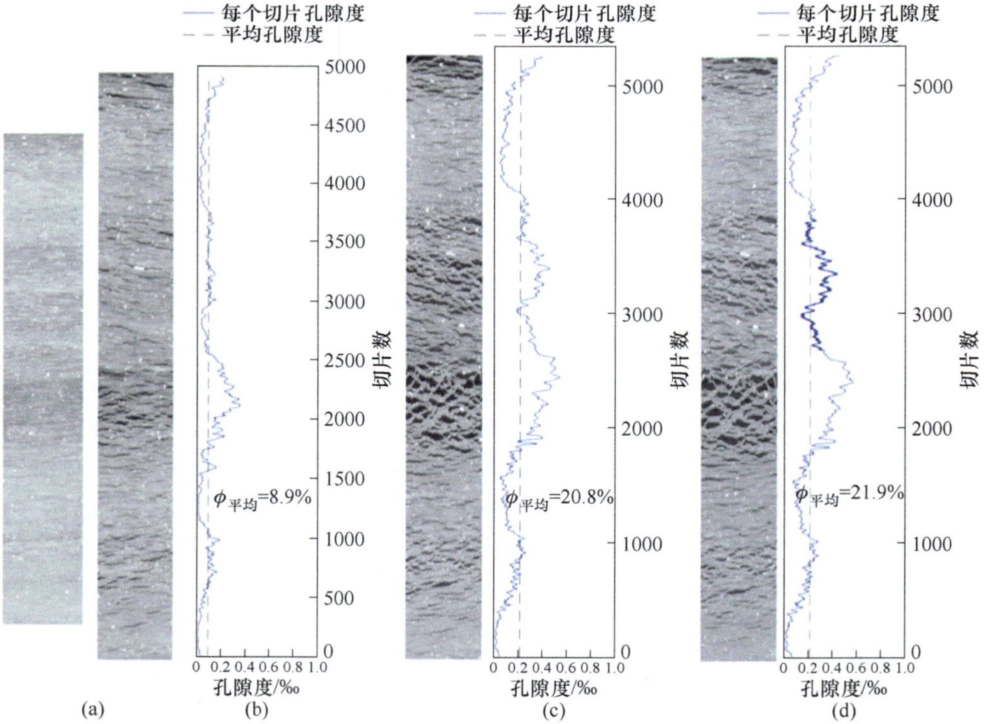

图4-2　绿河页岩每个切片在不同温度时的二维灰度图像与孔隙度剖面
（据Saif et al.，2017a）
(a) 20～350 ℃；(b) 400 ℃；(c) 450 ℃；(d) 500 ℃

干酪根处捕捉到了微裂缝的成核、扩展和贯通。之后，应用四维原位同步X射线层析显微技术，实时捕捉裂缝开始、生长、贯通和闭合的演化过程，在354 ℃时出现第一条微裂缝，在390 ℃时捕捉到微裂缝的迅速扩张，研究表明，单个裂缝的演化不仅取决于有机质的组成，还取决于局部应变场的动态变化。借助X射线衍射、傅里叶变换红外光谱、元素分析、扫描电镜、氮气等温吸附解吸和压汞等研究方法，Bai等人（2017）发现桦甸油页岩在100~800 ℃热解过程中，加热温度对热解剩余物的化学成分和孔隙结构演化有明显影响，在350~450 ℃孔隙度由6.0%增大到56.8%，渗透率在350~800 ℃由几乎为零增大到1.3 mD，如图4-3所示。岩石孔隙结构参数的阶段性变化是由于油页岩热解过程在不同的温度范围发生不同的反应，在100~200 ℃微孔体积由于水分蒸发而略有增加；达到400 ℃时固体颗粒内部压力增加，释放大量页岩油蒸气和燃气，生成多尺度孔隙空间，发生岩石破裂导致孔隙连通性增强；达到600 ℃以上后易出现无机矿物的分解、相邻孔隙连通、孔隙表面塑性变形等现象，造成微孔和中孔数量的减少及渗透率的增大（徐金泽 等，2021）。

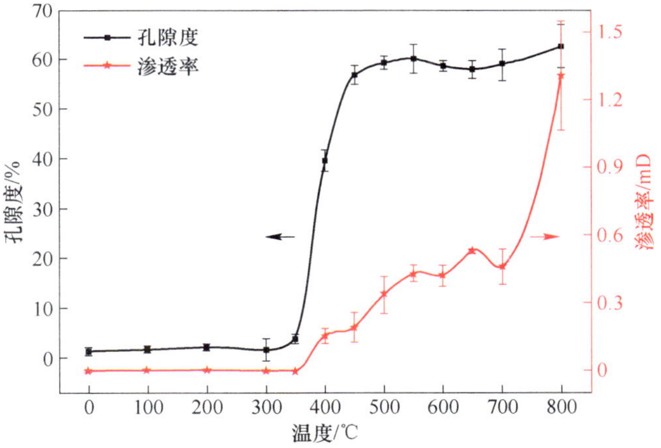

图4-3 桦甸油页岩和热解后残留物的孔隙度与渗透率
（据Bai et al.，2017）

4.2 延长组7段典型页岩原位转化过程中储集特征的变化规律研究

4.2.1 样品与实验

4.2.1.1 区域地质特征与取样位置

鄂尔多斯盆地位于华北地区西部，是一个形成于中生代至新生代的多旋回叠合含油气盆地。晚三叠世印支运动导致扬子板块与华北板块碰撞挤压，形成了鄂尔多斯大型内陆坳陷湖盆，根据地貌与构造特征，鄂尔多斯盆地可以划分为 6 个次级构造单元（见图 4-4），即伊盟隆起、渭北隆起、晋西挠褶带、伊陕斜坡、天环坳陷和西缘冲断带（Hou et al.，2021）。

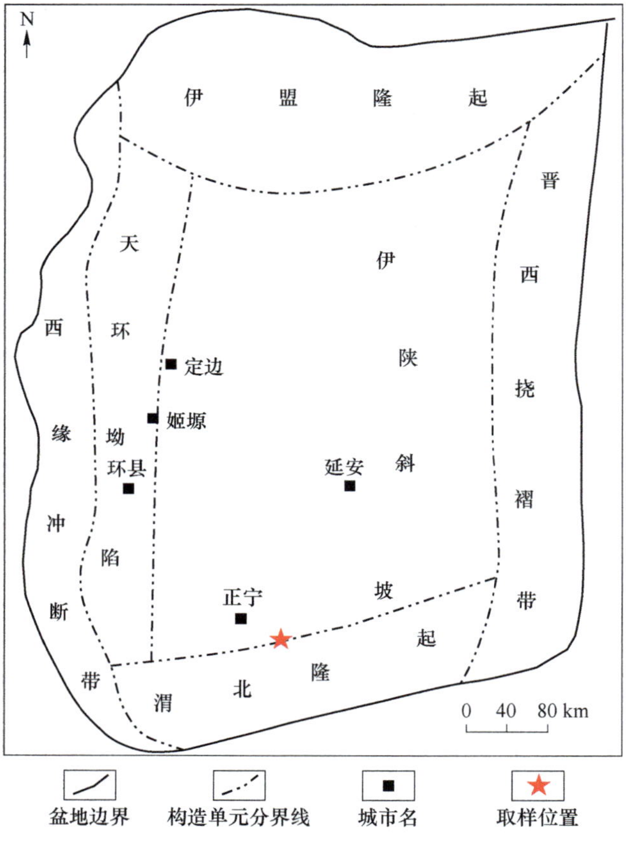

图 4-4　鄂尔多斯盆地构造单元与取样位置图

鄂尔多斯盆地延长组是一套完整的湖泊相-河流相-三角洲相碎屑沉积体系，由顶至底可以划分为 10 个段，其中长 10 ~ 长 7 段沉积期为湖盆形成到发展的湖进期，至长 7 段沉积期湖盆演化达到全盛。延长组 7 段沉积期，湖盆大部分地区水体较深，水深一般为 36 ~ 129 m，面积达 65000 km^2，富有机质页岩最大厚度大于 100 m。延长组 7 段是当前页岩油勘探和原位转化的主要目标层段（Hou et al.，2021）。

样品取自鄂尔多斯盆地南部三叠系延长组 7 段（以下简称长 7 段）的黑色页岩岩芯，样品埋深约 1247 m，如图 4-4 所示。采集了高 TOC 含量和低 TOC 含量的页岩样品开展对比研究。高TOC含量页岩样品的TOC含量达18.68%，镜质体反射率 R_o 最大值为0.49%；低TOC含量页岩样品的TOC含量达3.17%，镜质体反射率 R_o 约为0.63%。

4.2.1.2　原位转化模拟实验

原位转化模拟实验样品为全直径岩芯，岩芯直径为11 cm，长度为20 cm，如图4-5(a)所示。为了研究原位加热期间页岩组分、孔隙结构、孔隙度、渗透率的变化特征，岩芯样品被分割成4组次级样品，以用于同时进行加热，如图4-5(b)所示。每1组样品包括1件垂向柱塞样品和1件水平柱塞样品（直径为25 mm，长度为30～50 mm）、6个垂向岩片（面积为20 mm×20 mm，厚度为10 mm）及200目（0.075 mm）的粉末样（质量为300 g）。加热期间用锡箔纸包裹每个柱塞样品和岩片样品的表面以免损坏（见图4-5(b)），锡箔纸的小洞允许加热期间生成的流体排出。

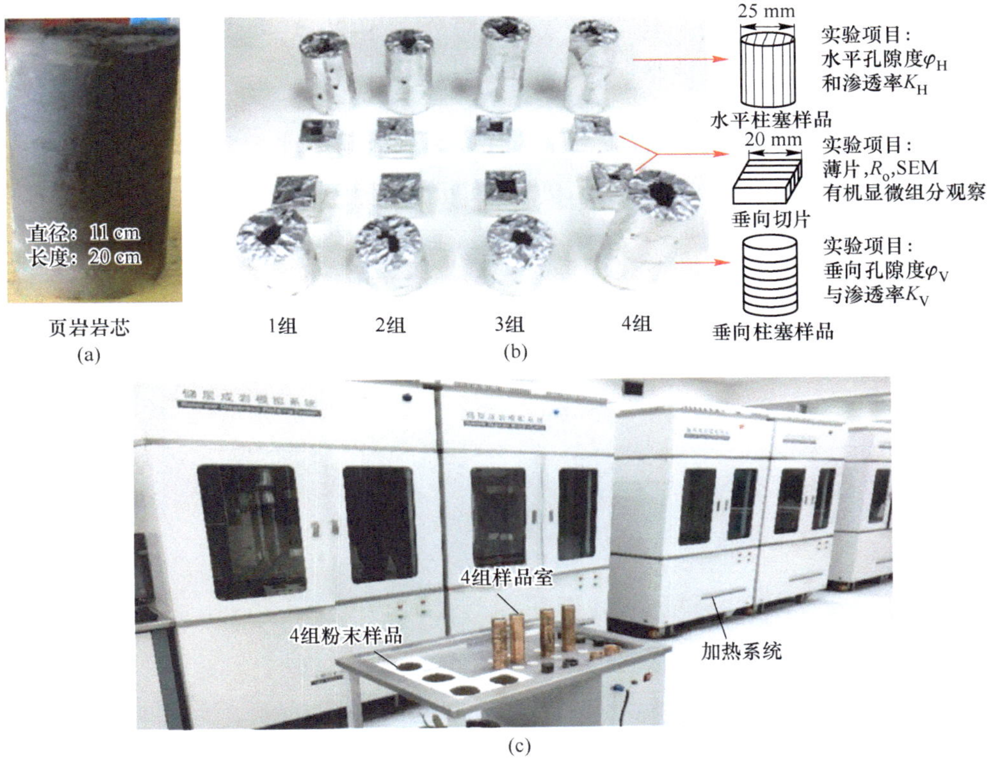

图4-5　原位转化实验的实验样品和仪器

(a) 取自鄂尔多斯盆地南部的延长组7段页岩岩芯；(b) 由岩芯样品获取的系列柱塞样品、岩片及其照片；(c) 粉末状次级样品、样品室和加热系统

原位转化模拟实验使用 CNPC 设计的高温高压模拟系统完成，它是一个具有精确温压控制的半封闭体系，能够满足原位转化实验模拟缓慢加热的需求。该系统的最高加热温度为 500 ℃，最大围压压力为 270 MPa，最大流体压力为 100 MPa；系统具有 6 个加热反应釜，能够满足 6 件样品同时加热，如图 4-5(c) 所示。

页岩样品的取芯深度为 1247 m，参考油田测井资料，延长组 7 段页岩储层压力约为 10 MPa，上覆压力约为 30 MPa，利用储层压力、上覆压力估计值来设置原位转化模拟实验中的孔隙压力和围压压力。原位转化期间，加热 4 组页岩样品的目标温度设置依据 Ma 等人（2020）干酪根生烃阶段确定。Ma 等人（2020）实验样品采用延长组 7 段典型富有机质页岩，样品取自陕西省铜川市何家坊（HJF）地区的一个矿坑里，距本研究实验取样点东部 50 km。研究发现延长组 7 段富有机质页岩的生、排烃过程可以细分为 4 个阶段：（1）缓慢生烃阶段（300～320 ℃）；（2）快速生油阶段（320～380 ℃）；（3）油二次裂解和快速生气阶段（380～420 ℃）；（4）重烃气裂解阶段（>420 ℃）。基于先前的研究结果，该研究中 4 组页岩样品加热的目标温度设置为 320 ℃、370 ℃、410 ℃和 450 ℃，如图 4-6 所示。为模拟原位转化条件，应用下述加热方案（见图 4-6）：（1）4 组样品以 3.5 ℃/h 的加热速率从室温加热至 273 ℃；（2）4 组样品以 0.4 ℃/h 的加热速率分别加热至 320 ℃、370 ℃、410 ℃和 450 ℃；（3）加热到目标温度后，立即停止加热，冷却至室温后开展进一步分析。

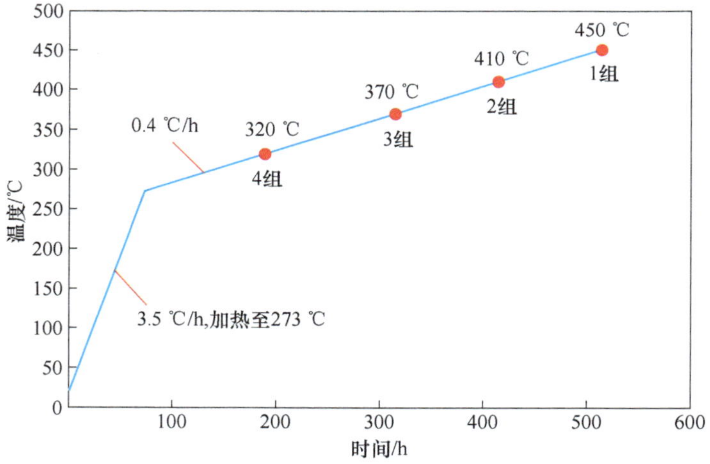

图 4-6　原位转化实验的加热温度与加热速率

4.2.1.3　分析技术

对加热前和加热至 320 ℃、370 ℃、410 ℃和 450 ℃后的样品分别开展了薄片鉴定、XRD、热解、有机显微组分鉴定、镜质体反射率 R_o、扫描电镜（SEM）、孔隙度和渗透率分析，分析在国家能源致密油气研发中心完成。

薄片鉴定分析利用岩石学显微镜进行研究，XRD 分析利用 Rigaku X 射线衍射仪按标准《沉积岩中黏土矿物和常见非黏土矿物 X 射线衍射分析方法》（SY/T 5163—2018）执行。热解分析按 Espitalie 等人（1984）描述的流程进行，Rock-Eval-6 型分析仪用于测定 TOC 含量、游离烃 S_1、热解烃 S_2 和氢指数 HI；有机显微组分鉴定在平面偏振反射白光和入射蓝光下进行；镜质体反射率 R_o 按 Taylor 等人（1998）描述的流程测定，每件样品超过 20 个有效测点的测量值生成稳态频率分布。

扫描电镜（SEM）分析利用 FEI Helios Nanolab 600i 高分辨场发射扫描仪开展。在实验前，Leica EM TXP 高精度磨片仪用于样品切割和光片准备，光片一侧长度为 5 ~7 mm，高度小于 2 mm；然后利用 Leica RES 102 氩离子抛光仪，对样品表面用氩离子束抛光 4 h，确保样品表面平整。利用一台 EMITECH K950X 涂层设备对抛光样品进行喷碳，以增强样品表面的导电性。然后将样品放置在 SEM 真空室中，实验中使用高真空模式开展分析。背散射 SEM 用于区分样品中无机和有机组分的差异，对矿物、孔隙和裂缝随温度增高的演化特征进行了详细观察，放大倍数从 1000 倍至 10000 倍。

一台非稳态气体压力衰减探测渗透率仪用于测定垂向和水平柱塞样品的渗透率，围压等于 30 MPa 的上覆压力。每件柱塞样品的渗透率测定 3 次，平均值作为柱塞样品的渗透率；利用 Archimedes 原理，渗透率测定后，测量孔隙度，并通过干重和甲苯饱和质量之间的差异确定孔隙体积。孔隙度和渗透率测定按标准《覆压下岩石孔隙度和渗透率测定方法》（SY/T 6385—2016）执行。所有柱塞样品均开展了加热前和加热后渗透率和孔隙度测定，以便确定加热作用导致的差异。

4.2.2 原位转化过程中储集特征的变化规律

4.2.2.1 *矿物组成变化规律*

延长组 7 段原位转化模拟实验页岩样品加热前、后矿物组成变化明显。加热前高 TOC 含量页岩的矿物组分主要由黄铁矿（39.0%）、石英（28.2%）和黏土矿物（21.2%）组成，另含少量斜长石、钾长石、铁白云石和菱铁矿，合计 11.6%，如图 4-7 所示；低 TOC 含量页岩的矿物组分主要由石英（40.8%）、钾长石（21.6%）、黏土矿物（16%）和斜长石（13.6%）组成，另含少量黄铁矿和方解石，合计 8%，如图 4-8 所示。先前的研究显示，鄂尔多斯盆地延长组 7 段页岩高黄铁矿含量对中高成熟度页岩油生成、排出与聚集具有促进作用（Yuan，2018；Er et al.，2016）。

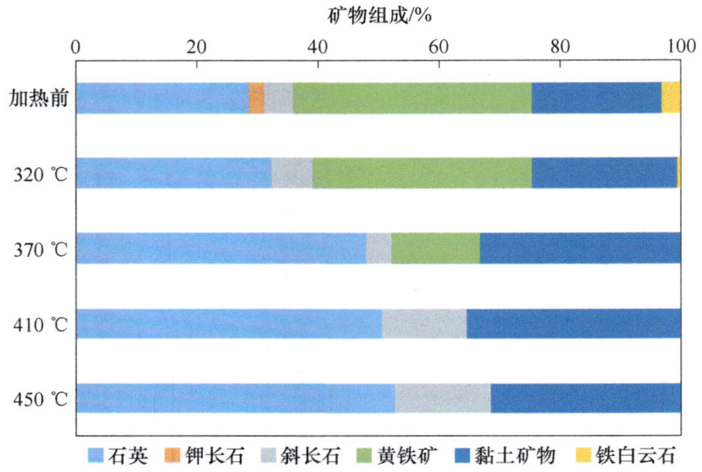

图 4-7　原位转化模拟延长组 7 段高 TOC 含量页岩样品加热前、后矿物组分组成

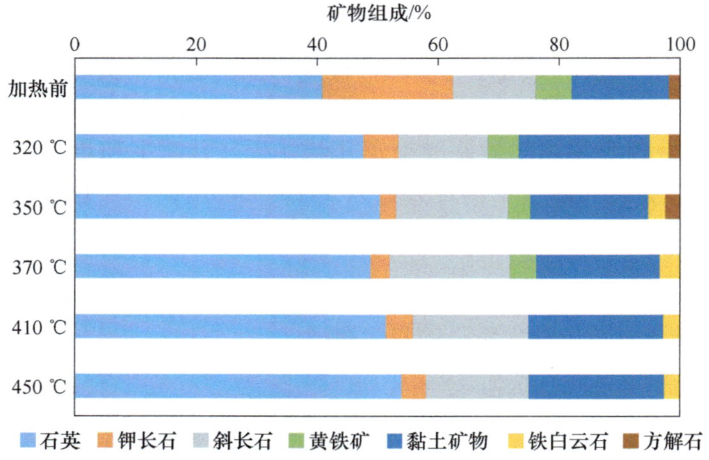

图 4-8　原位转化模拟延长组 7 段低 TOC 含量页岩样品加热前、后矿物组分组成

加热至 320 ℃之后，高 TOC 含量页岩的钾长石、铁白云石和菱铁矿几乎完全分解，黏土矿物脱水，石英和斜长石稍有变化（见图 4-7）；低 TOC 含量页岩的钾长石含量明显减小，降低到 5.7%，其他矿物成分变化不明显（见图 4-8）。

在原位加热过程中，黄铁矿含量最大变化显示在进一步加热至 410 ℃后并且彻底分解，高TOC含量页岩和低TOC含量页岩均具有相同特征（见图4-7和图4-8）。烃类能够提供氢，可能促进了黄铁矿的热分解作用，并且分解所需的温度降低（Chen et al.，2000）。

进一步加热至450 ℃之后，矿物组分不再有实质性的变化，在该温度时高TOC含量页岩由石英（50.5%）、黏土（35.5%）和斜长石（14%）组成（见图4-7）；低TOC含量页岩主要由石英（54%）、黏土（22.4%）和斜长石（23.6%）组成（见图4-8）。

4.2.2.2 岩石有机显微组成变化规律

延长组7段原位转化模拟实验页岩样品加热前、后有机显微组分组成和有机质显微组分如图4-9和图4-10所示，加热前、后有机质镜质体反射 R_o 测定值见表4-1和表4-2。

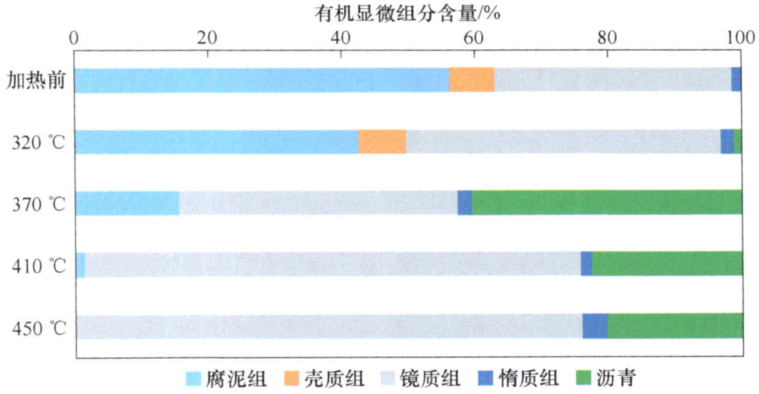

图4-9 原位转化模拟延长组7段高TOC含量页岩样品加热前、后有机显微组分组成

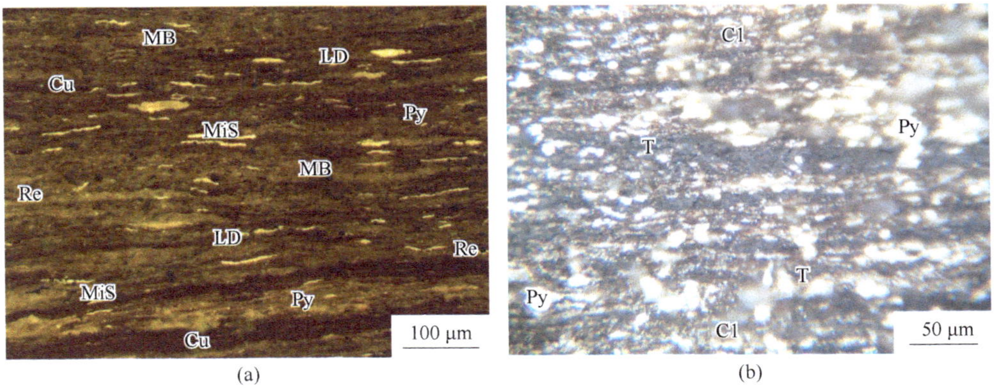

MiS
MB
Cu
LD
Re
LD
MB
Cu
Re
Py
Py
MiS
100 μm

(c)

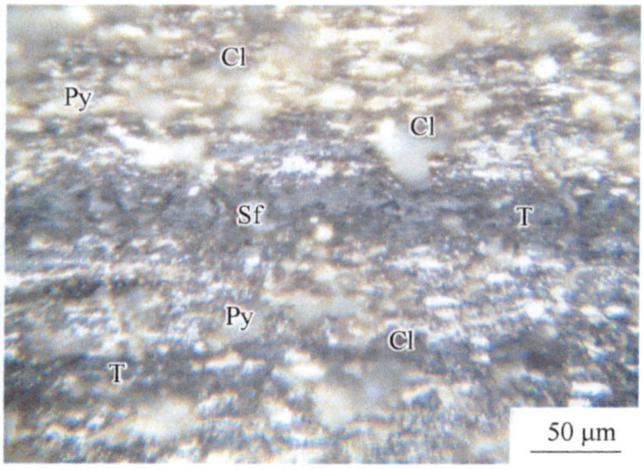
Cl
Py
Cl
Sf
T
Py
Cl
T
50 μm

(d)

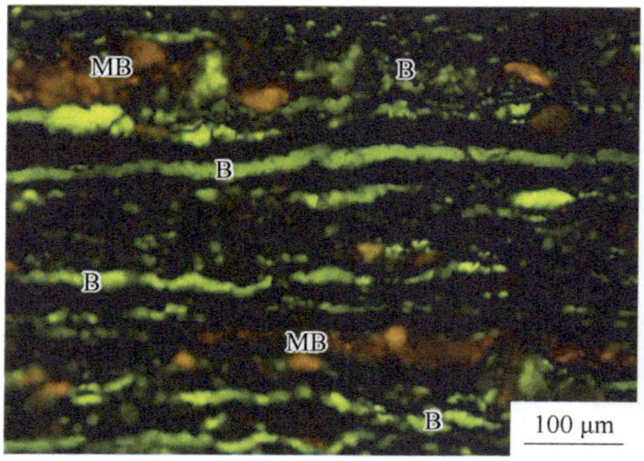
MB
B
B
B
MB
B
100 μm

(e)

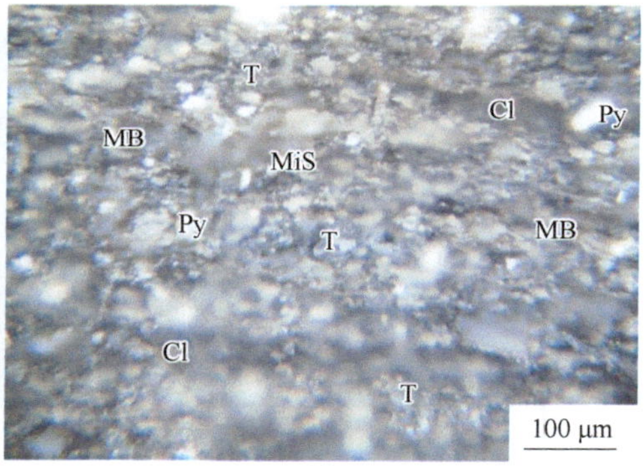
T
Cl
Py
MB
MiS
Py
T
MB
Cl
T
100 μm

(f)

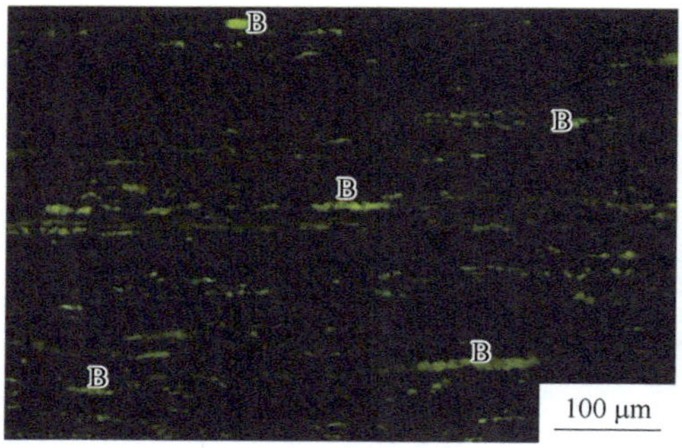
B
B
B
B
B
100 μm

(g)

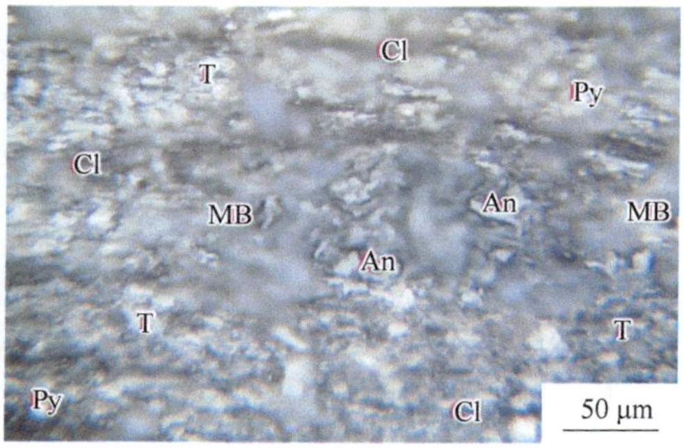
Cl
T
Py
Cl
MB
An
MB
An
T
T
Py
Cl
50 μm

(h)

(i)

(j)

图 4-10 原位转化模拟延长组7段高TOC含量页岩样品加热前、后有机质显微照片

(a) 加热前，光薄片，反射荧光（蓝光激发）；(b) 加热前，光薄片，油浸，反射单偏光；
(c) 加热320 ℃，光薄片，反射荧光（蓝光激发）；(d) 加热320 ℃，光薄片，油浸，反射单偏光；
(e) 加热370 ℃，光薄片，反射荧光（蓝光激发）；(f) 加热370 ℃，光薄片，油浸，反射单偏光；
(g) 加热410 ℃，光薄片，反射荧光（蓝光激发）；(h) 加热410 ℃，光薄片，油浸，反射单偏光；
(i) 加热450 ℃，光薄片，反射荧光（蓝光激发）；(j) 加热450 ℃，光薄片，油浸，反射单偏光

表 4-1 原位转化模拟延长组7段高TOC含量页岩样品加热前、后镜质体反射率 R_o 测定值

加热温度	R_o/%			有效测点数/个	标准离差 δ_n
	最小值	最大值	平均值		
加热前	0.42	0.49	0.45	28	0.025
320 ℃	0.47	0.58	0.52	24	0.033
370 ℃	1.03	1.34	1.16	21	0.088
410 ℃	1.32	1.79	1.62	50	0.111
450 ℃	1.84	2.21	2.04	60	0.130

表 4-2 原位转化模拟延长组7段低TOC含量页岩样品加热前、后镜质体反射率 R_o 测定值

加热温度	R_o/%			有效测点数/个	标准离差 δ_n
	最小值	最大值	平均值		
加热前	0.54	0.79	0.66	4	0.104
320 ℃	0.56	1.09	0.74	11	0.195
350 ℃	0.82	1.66	1.13	18	0.270
370 ℃	0.91	1.44	1.18	11	0.173
410 ℃	1.41	1.50	1.45	2	0.064
450 ℃	1.60	1.86	1.70	5	0.102

由图4-9、图4-10和表4-1可见，高TOC含量页岩样品加热前有机质有机显微组分主要由腐泥组(56.2%)和镜质组(35.5%)组成，另含少量壳质组和惰质组。页岩具有强荧光显示，处于未熟至低熟阶段，镜质体反射率介于0.42%～0.49%之间；加热前，黑色页岩中碳质页岩（Cu）与矿物沥青基质（MB）呈微条带相间排列，其中平行分布小孢子体（MiS）和碎屑壳质体（LD），偶见树脂体（Re），黄铁矿（Py）广泛分布（见图4-10(a)），结构镜质体（T）呈细条带平行分布于黏土矿物（Cl）基底中，后者实为矿物沥青基质，其中含细分散无定形腐泥质体（见图4-10(b)）。

加热至320 ℃之后，腐泥组含量快速减少至42.5%，其他组分变化较小；页岩也显示强荧光，开始裂解生成少量油沥青（1.3%），镜质体反射率 R_o 介于0.47%～0.58%之间。荧光显示依然很强，矿物沥青基质（MB）和碳质页岩呈细条带状不均匀相间排列；小孢子体（MiS）易见；少量碎屑壳质体（LD）和树脂体（Re）零星散布（见图4-10(c)），结构镜质体（T）、黏土矿物（Cl）和黄铁矿（Py）各自相对富集成微层，三者相间排列，界线尚清楚，反映沉积微环境交替变化（见图4-10(d)）。

进一步加热至370 ℃之后，腐泥组含量快速降低至15.6%，壳质体基本消失，大量油沥青（B）生成（40.6%），其大部分充填于平行裂隙内呈条带状，有些充填于水平裂隙内呈带状，有些充填于微孔隙中呈微颗粒，原矿物沥青基质（MB）部分显示土红色荧光（见图4-10(e)）。同时，结构镜质体（T）条带进一步破碎渐趋糜棱化，同时反射色明显变浅，原矿物沥青基质（MB）条带大部分还原成黏土矿物（Cl）薄层；黄铁矿（Py）广泛分布，变化不大，少部分可能碎裂化（见图4-10(f)）。与320 ℃时对比，页岩显示弱荧光，大部分原始矿物沥青条带减少，成为薄层黏土矿物层。页岩处于生油窗，镜质体反射率 R_o 介于1.03%～1.34%之间。

进一步加热至410 ℃之后，腐泥组含量持续降低至1.4%，沥青质含量减少至22.6%，大部分充填孔隙和裂缝的油沥青裂解成气态烃，但少量保持原始形态。镜质体结构进一步破坏，但条带状形态作为黏土矿物微层仍然保留。原始矿物沥青基质无荧光显示，在孔隙附近形成短脉状碳沥青，暗示其生烃潜力已基本失去（见图4-10(g)）。结构镜质体（T）进一步碎裂，但条带状形态依然如故，黏土矿物（Cl）微层也如此；矿物沥青基质变化较大，在其附近孔洞中生成短脉状碳沥青（An）。黄铁矿（Py）开始碎裂（见图4-10(h)）。页岩处于高成熟、油裂解窗阶段，镜质体反射率 R_o 介于1.32%～1.79%。

进一步加热至450 ℃之后，腐泥组消失，页岩无荧光显示，表明既无原始荧光组分，也无次生(后生)荧光组分，生成的沥青已为高成熟沥青(见图4-10(i))。加热后样品糜棱化，碎屑成不规则颗粒，次生裂隙（Fi）和微孔（Po）发育，岩石原生结构明显变化；镜质体（V）反射率明显提高；黄铁矿多已褪色，新生成多量微粒体（Mi）(见图4-10(j))。次生裂缝和微孔隙发育，加热前的原始结构彻底变化，镜质体反射率 R_o 显著增高，介于1.84%~2.21%之间。

由图4-11、图4-12和表4-2可见，低TOC含量页岩样品加热前有机质有机显微组分主要由腐泥组(50.8%)和沥青(42.4%)组成，另含少量壳质组、镜质组和惰质组。页岩具有强荧光显示，矿物沥青基质（MB）中见藻类体（Alg）富集呈层；偶见小孢子体（MiS）呈蠕虫状，大致平行层面分布（见图4-12(a)）；黏土矿物（Cl）基底中见镜质体（V）呈透镜体状分布，黄铁矿（Py）呈草莓状、粒状（见图4-12(b)），处于未熟至低熟阶段，镜质体反射率 R_o 为0.63%。

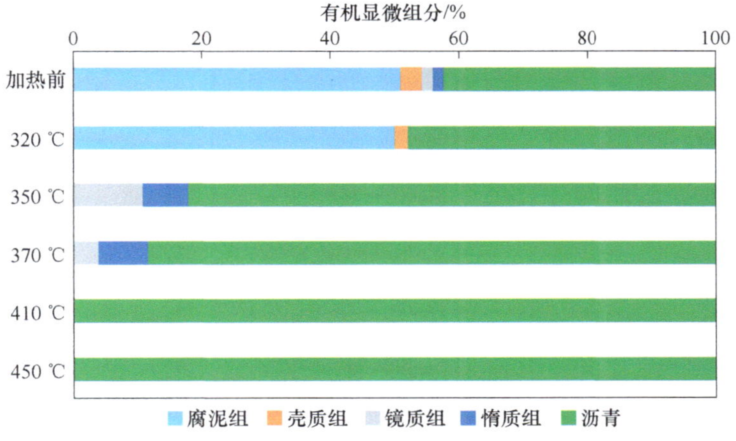

图4-11 原位转化模拟延长组7段低TOC含量页岩样品加热前、后有机显微组分组成图

加热至320 ℃之后，见藻类体（Alg）、小孢子体（MiS）顺层分布，荧光强度明显变弱（见图4-12(c)），腐泥组含量略微降低至50%，开始裂解生成少量油沥青，沥青含量略微增加至48%；黏土矿物（Cl）基底中见镜质体（V）呈条带状分布；沥青质体（B）呈球状充填于孔隙中；黄铁矿（Py）多呈粒状、草莓状（见图4-12(d)），镜质体反射率 R_o 为0.74%。

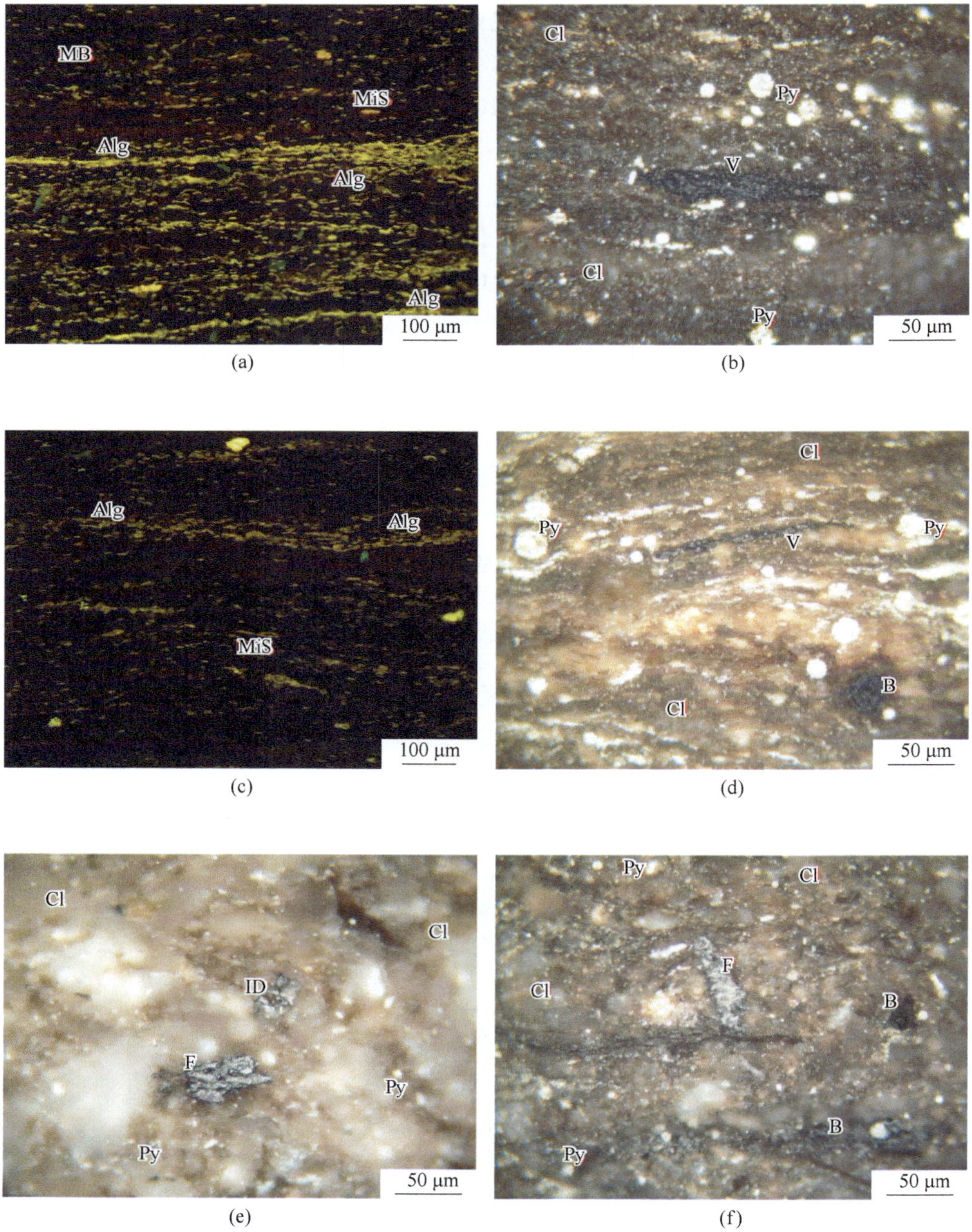
MB
MiS
Alg
Alg
Alg
100 μm
(a)
Cl
Py
V
Cl
Py
50 μm
(b)
Alg
Alg
MiS
100 μm
(c)
Cl
Py
V
Py
B
Cl
50 μm
(d)
Cl
Cl
ID
F
Py
Py
50 μm
(e)
Py
Cl
F
Cl
B
B
Py
50 μm
(f)

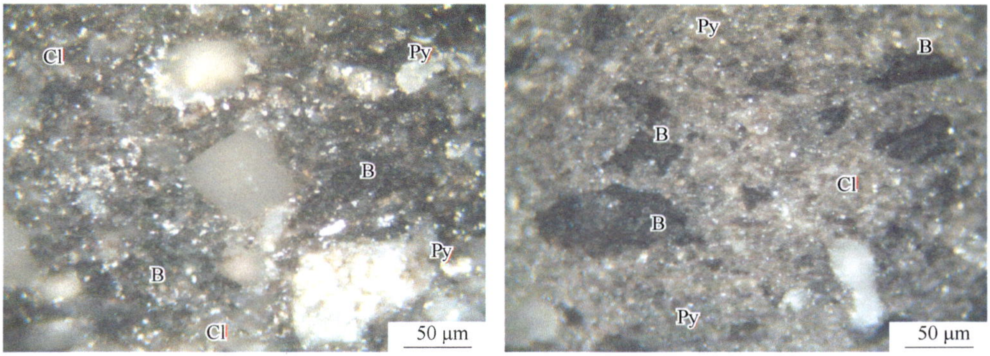

(g) (h)

图4-12 原位转化模拟延长组7段低TOC含量页岩样品加热前、后有机质显微照片

(a) 加热前，光薄片，反射荧光（蓝光激发）；(b) 加热前，光薄片，油浸，反射单偏光；(c) 加热320 ℃，光薄片，反射荧光（蓝光激发）；(d) 加热320 ℃，光薄片，油浸，反射单偏光；(e) 加热350 ℃，光薄片，反射荧光（蓝光激发）；(f) 加热350 ℃，光薄片，油浸，反射单偏光；(g) 加热410 ℃，光薄片，反射荧光（蓝光激发）；(h) 加热410 ℃，光薄片，油浸，反射单偏光

加热至350 ℃之后，腐泥组消失，镜质体反射率 R_o 为1.13%，有机质热裂解为油气，有机显微组分主要为沥青。黏土矿物（Cl）基底中见丝质体（F）、碎屑惰质体（ID）破碎呈不规则块状、片状，黄铁矿（Py）呈团粒状分布（见图4-12(e)）。

进一步加热至370 ℃之后，镜质组含量稍有减少，惰质组含量则变化不大，而沥青含量增加，黏土矿物基底中见惰质组（丝质体）破碎呈透镜体状，沥青充填于孔洞或裂隙中（见图4-12(f)），镜质体反射率 R_o 为1.18%。

进一步加热至410 ℃（见图4-12（g））和450 ℃（见图4-12（h））之后，镜质组和惰质组基本消失，显微组分几乎均由沥青组成，黏土矿物基底中见沥青质体充填于颗粒之间孔隙中与前者混合，镜质体反射率 R_o 分别平均为1.45%和1.70%。

4.2.2.3 岩石孔缝变化规律

A 孔隙结构变化特征

对比分析原位转化模拟延长组7段高TOC含量页岩样品和先导实验区内正75GC1井页岩加热前、320 ℃、370 ℃、410 ℃、450 ℃温度系列的实验样品观察、薄片全扫描、扫描电镜分析等实验结果，揭示了延长组 7 段页岩加热过程中将会形成毫米-微纳米级网状孔缝系统，温度越高，孔缝越发育，加热至 370 ℃时，孔缝开始大量发育，局部可见水平垂直网状缝。加热后观察到的页岩孔隙结构变化与先前的油页岩研究结果相似（Tiwari et al.，2022；Glatz et al.，2016；Saif et al.，2017；Han et al.，2019）。

毫米级孔隙系统主要为沿着页岩页理面发育的水平缝，如图 4-13 所示。页岩在加热过程中，加热至 320 ℃时，局部可见少量新增孔缝；加热至 370 ℃时，孔缝开始大量发育，有些样品可见水平缝发育的同时，也有垂直缝发育，构成了毫米级网状孔缝系统；加热至 450 ℃时，肉眼可见页岩沿着页理面全部裂开，孔缝特别发育，为页岩油提供了很好的渗流通道。

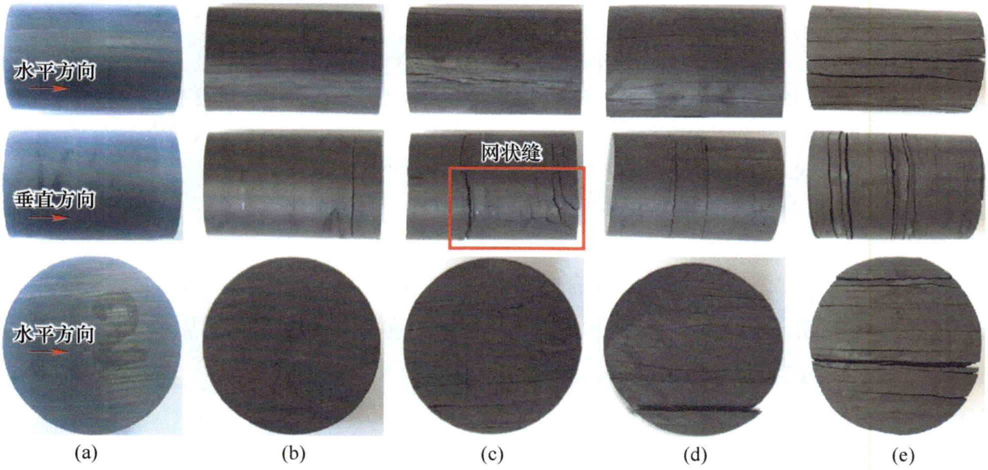

图 4-13　正 75GC1 井页岩原位转化物理模拟实验样品照片

（a）加热前；（b）320 ℃；（c）370 ℃；（d）410 ℃；（e）450 ℃

微米级孔隙系统仍主要沿着页岩页理面发育，以水平缝发育为主，局部可见水平和垂直微米级网状缝，如图 4-14 所示。不同加热温度页岩的薄片全扫描结果显示，页岩加热温度越高，微米孔缝越发育，加热至 320 ℃时，可见少量微米孔缝；加热至 370 ℃时，有机质开始大量转化，水平微米孔缝开始大量发育；随着温度的升高，有机质进一步转化，微米孔缝已经发育逐步发育成毫米级孔缝。

纳米级孔隙系统主要为有机质孔、有机质与矿物颗粒边缘缝，随着加热温度的升高，页岩纳米级孔缝越发育，如图 4-15 所示。加热至 320 ℃时，有机质刚刚开始转化，有机质孔、有机质与矿物颗粒边缘缝并不发育，仅局部可见少量有机质孔；加热至370 ℃时，有机质开始大量转化，有机质孔比较发育；加热至410 ℃时，有机质与矿物颗粒边缘缝比较发育；加热至450 ℃时，有机质孔、有机质与矿物颗粒边缘缝更为发育，孔缝尺寸明显增大。

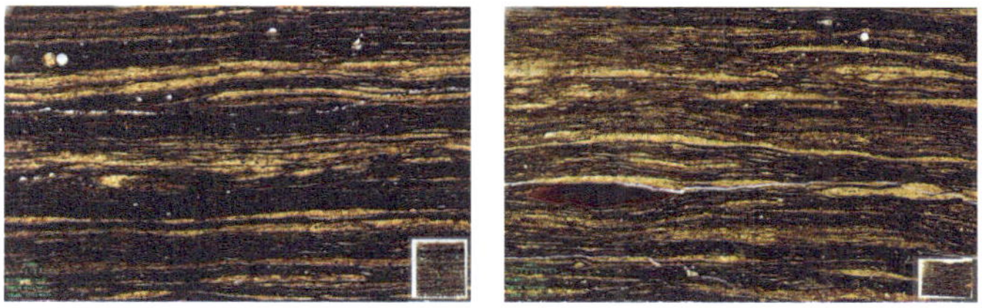

(a)　　(b)

(c)　　(d)　　(e)

图4-14　正75GC1井页岩不同加热温度样品的薄片全扫描照片

(a) 加热前；(b) 320 ℃；(c) 370 ℃；(d) 410 ℃；(e) 450 ℃

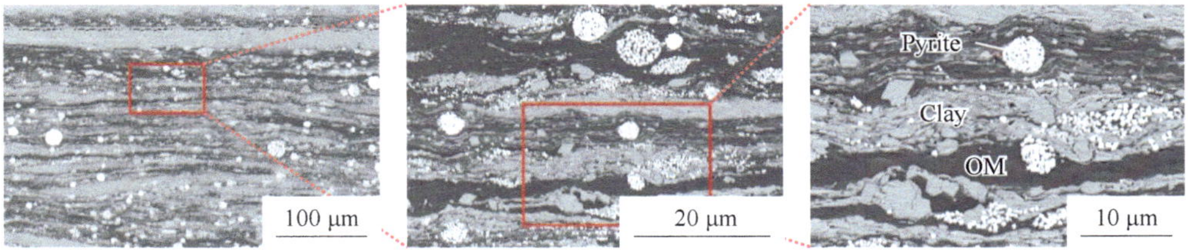

(a)

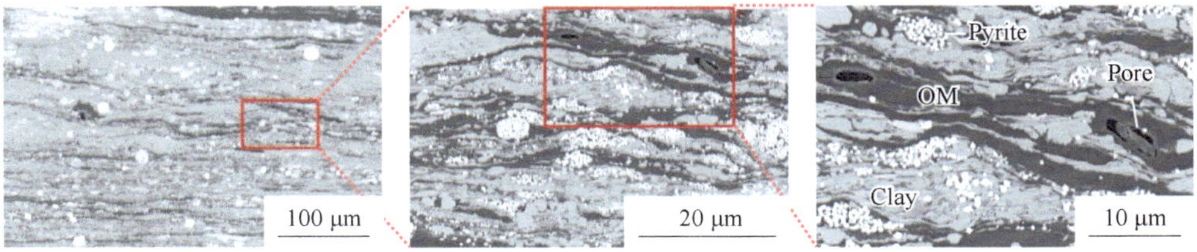

(b)

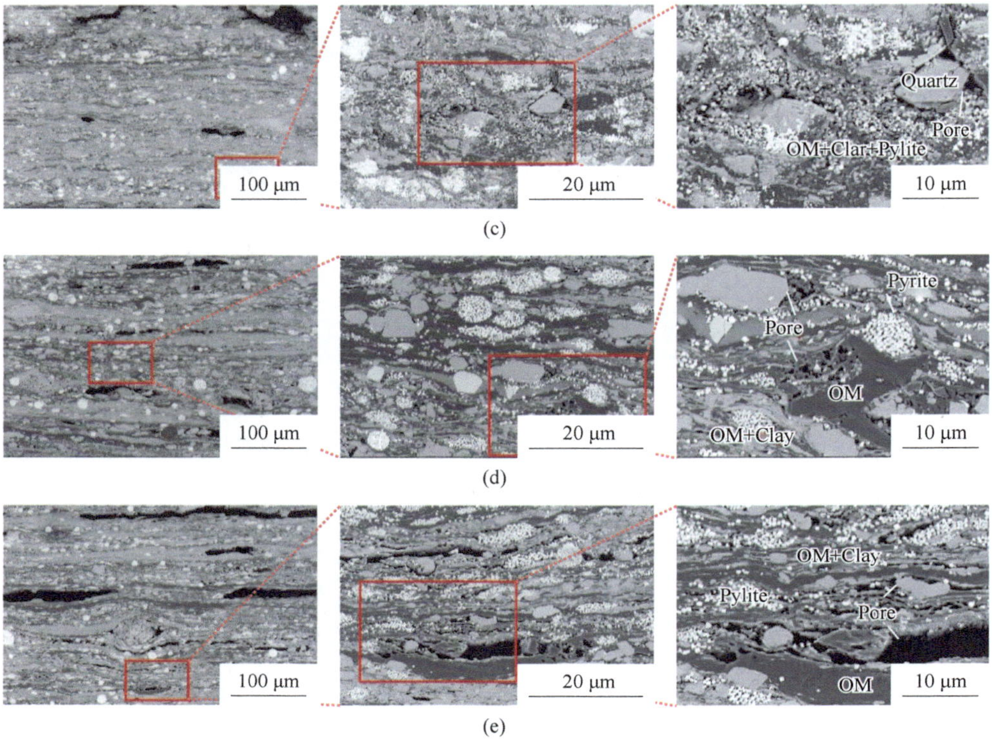

图 4-15　正 75GC1 井页岩不同加热温度样品的扫描电镜照片
(a) 加热前；(b) 320 ℃；(c) 370 ℃；(d) 410 ℃；(e) 450 ℃

B　裂缝变化特征

对正 75GC1 井长 7^3 段实施了电成像测井。结合岩芯观察结果，对电成像测井资料进行裂缝识别解释，结果显示加热段页理发育，但不发育高角度垂向裂缝，如图 4-16 所示。

高分辨率微米 CT 重构结果表明，先导试验区加热体微裂缝发育程度中等，微裂缝具定向排列特征。经原位转化后，裂缝开度明显增大，裂缝扩展具有顺纹层分布特征，如图 4-17 所示。

初步计算结果表明，加热前裂缝主体开度为 8 ~ 15 μm，加热后裂缝开度明显增大，局部裂缝孔隙度增加 1 ~ 2 个数量级，渗透率提高 3 ~ 5 个数量级。加热前页岩微米 CT 扫描计算裂缝孔隙度为 0.5%，裂缝渗透率为 1.3 μD；加热后页岩微米 CT 扫描计算裂缝孔隙度为 4.2%，裂缝渗透率为 100 mD，裂缝孔隙度增加 740%，渗透率提高 5 个数量级，如图 4-18 所示。

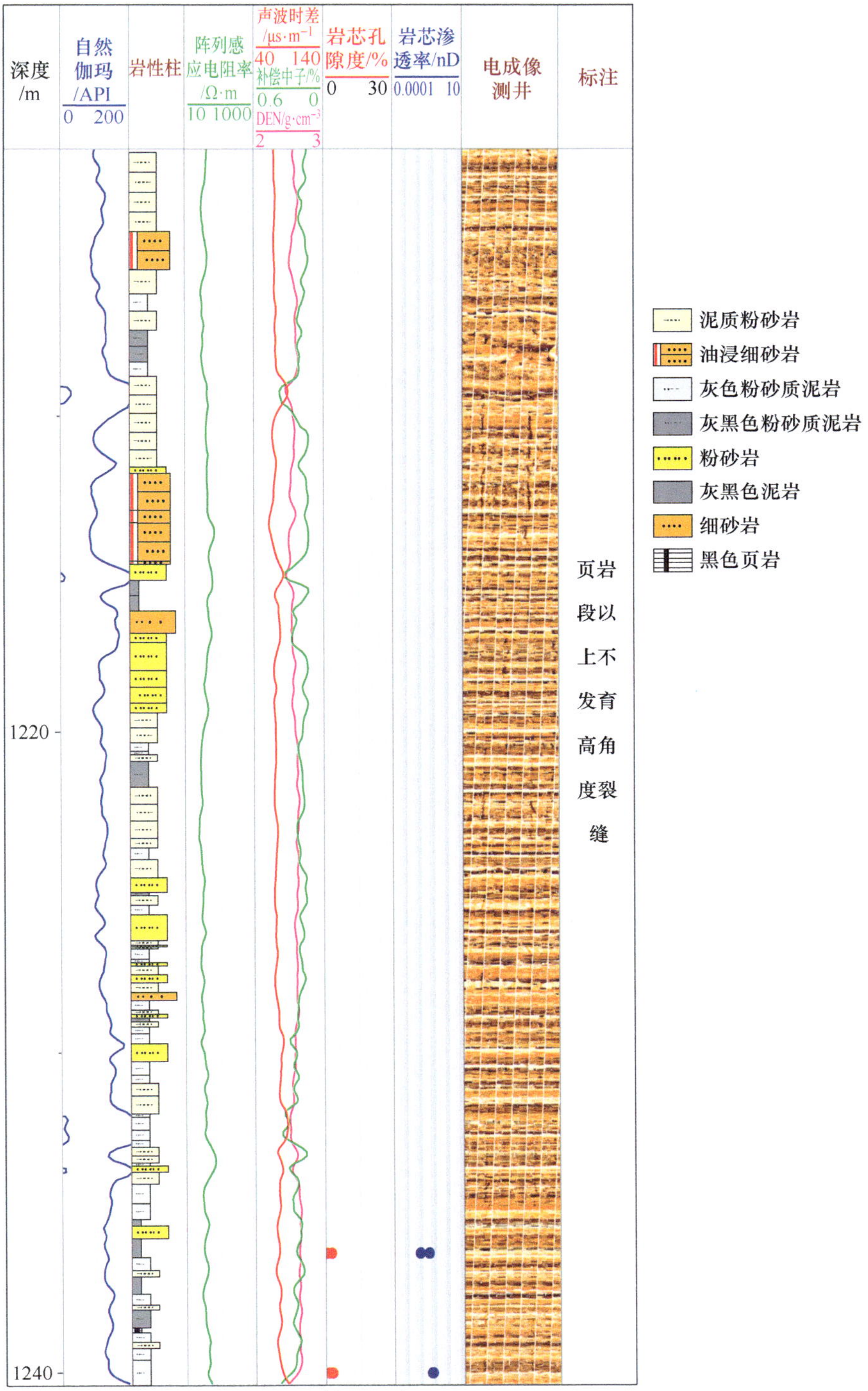
深度/m
自然伽玛/API
0 200
岩性柱
阵列感应电阻率/Ω·m
10 1000
声波时差/μs·m⁻¹
40 140
补偿中子/%
0.6 0
DEN/g·cm⁻³
2 3
岩芯孔隙度/%
0 30
岩芯渗透率/nD
0.0001 10
电成像测井
标注
1220
1240
页岩段以上不发育高角度裂缝
泥质粉砂岩
油浸细砂岩
灰色粉砂质泥岩
灰黑色粉砂质泥岩
粉砂岩
灰黑色泥岩
细砂岩
黑色页岩

(a)

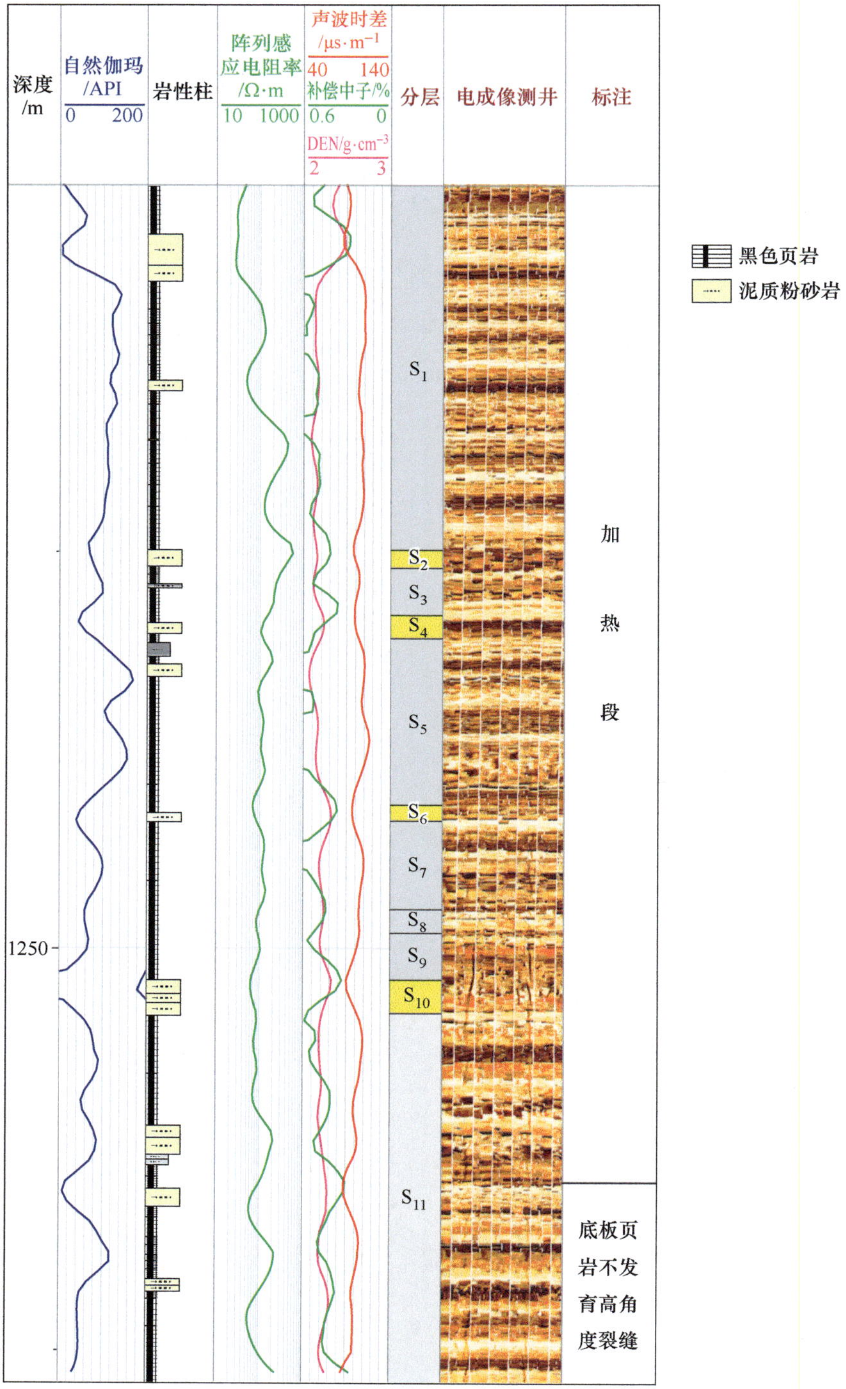
深度/m
自然伽玛/API
0 200
岩性柱
阵列感应电阻率/Ω·m
10 1000
声波时差/μs·m⁻¹
40 140
补偿中子/%
0.6 0
DEN/g·cm⁻³
2 3
分层
电成像测井
标注
1250
S1
S2
S3
S4
S5
S6
S7
S8
S9
S10
S11
加热段
底板页岩不发育高角度裂缝
黑色页岩
泥质粉砂岩

(b)

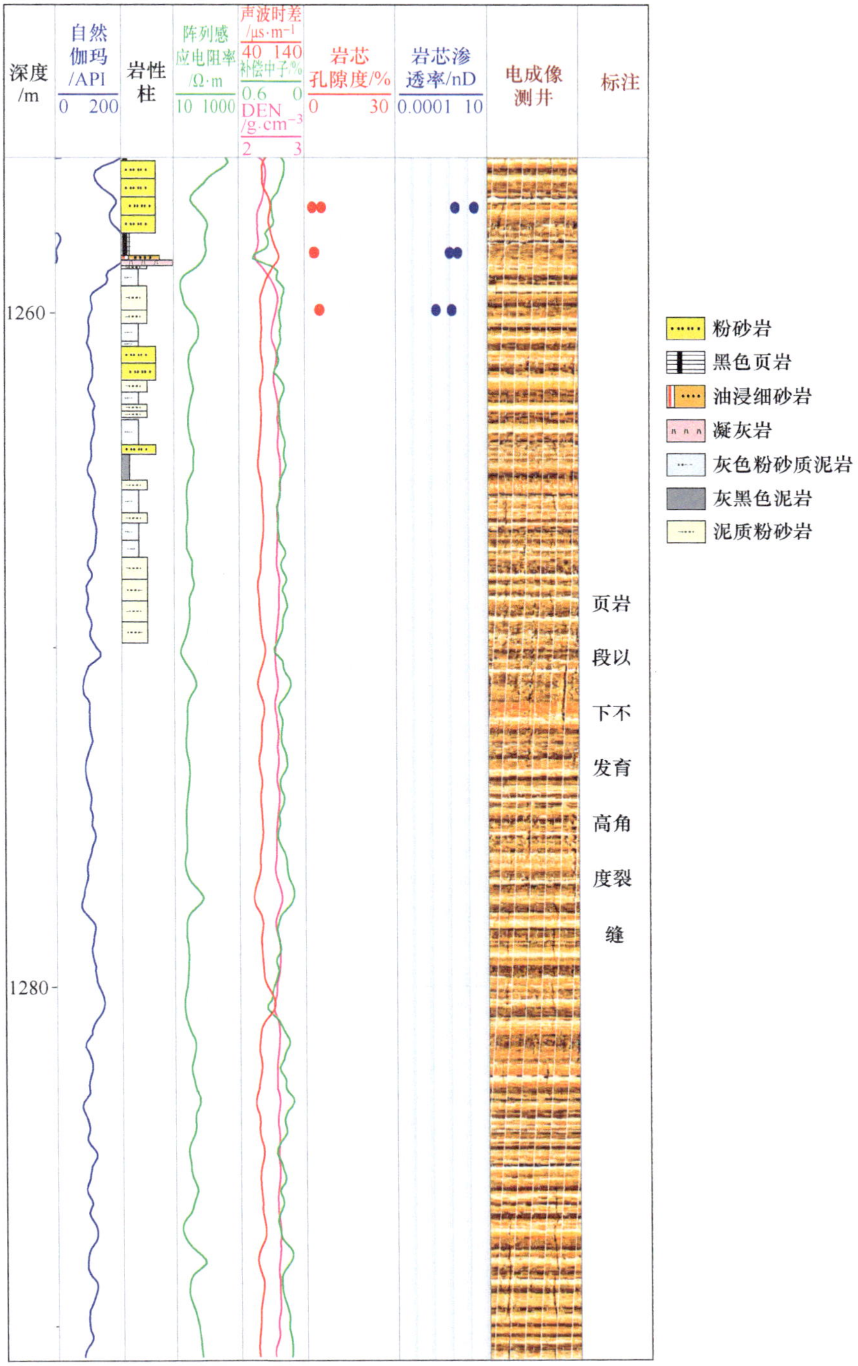

(c)

图4-16 正75GC1井延长组7段裂缝解释结果
(a)~(c) 不同深度段的电成像测井解释结果

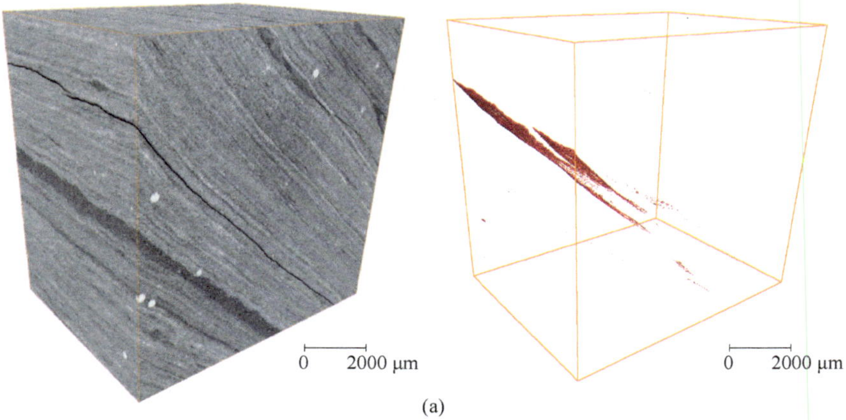

(a)

(b)

图 4-17　正 75GC1 井页岩微米 CT 扫描和建模结果

（a）加热前；（b）加热后

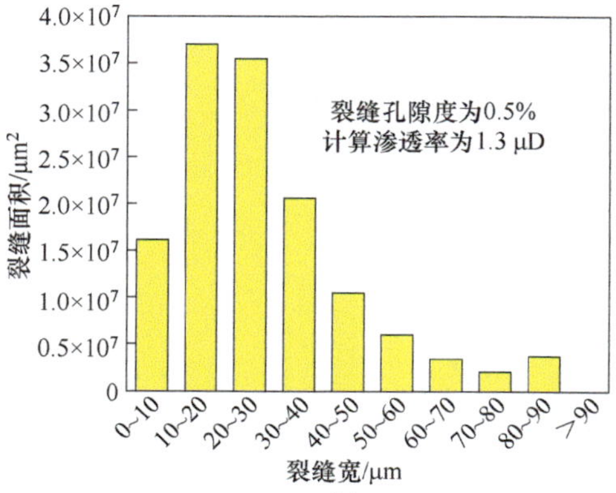

(a)

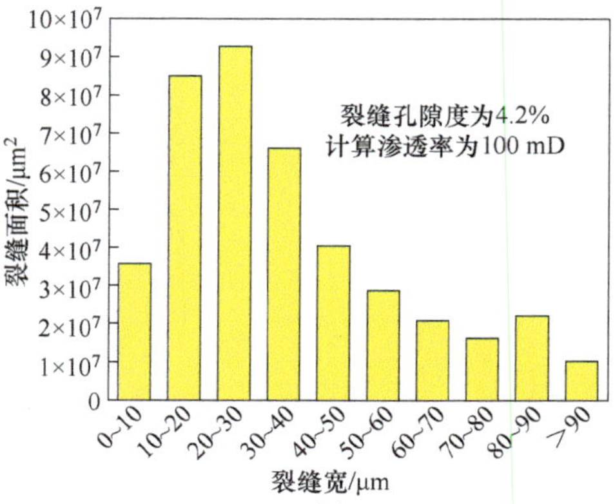

(b)

图 4-18　正 75GC1 井页岩微米 CT 计算裂缝宽度分布直方图

（a）加热前；（b）加热后

C 孔隙度和渗透率变化特征

对加热区内的正75GC1及正75-1两口井进行了密闭取芯，并开展了系统的页岩GRI实验分析。页岩段GRI孔隙度系统分析结果（见图4-19）显示，两口井物性相近，孔隙度均较小，不超过10%；渗透率也极低，低于150 nD。相比较而言，正75GC1井的物性更差，页岩段的孔隙度低于5%，渗透率最高不超过100 nD；而正75-1井的孔隙度最大为6%～7%，渗透率最大为120～150 nD。

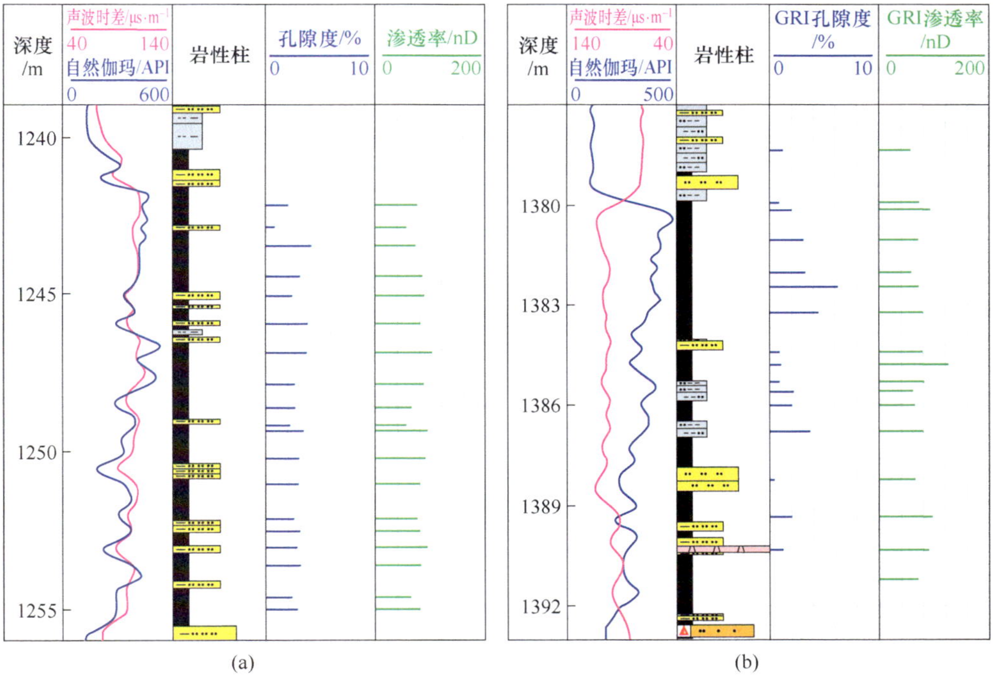

图4-19 正75GC1井（a）与正75-1井（b）页岩GRI孔隙度与渗透率分布图

页岩水平页理比较发育，导致页岩在水平和垂直方向上的物性特点差别较大，因此本研究对页岩原位转化物性分为水平和垂直两个方向分别进行实验测试分析，明确原位转化过程中页岩水平和垂直两个方向上物性的变化特征。

先导试验区加热体在加热前，页岩水平孔隙度与垂直孔隙度差异不大，但水平渗透率与垂直渗透率差异很大，如图4-20所示。常温常压条件下，页岩水平孔隙度为1.07%～3.83%，平均值为2.51%，垂直孔隙度为1.59%～3.05%，平均值为2.09%，水平与垂直方向的孔隙度差别不大；页岩水平渗透率为0.0006～0.33 mD，平均值为0.09 mD，垂直渗透率为0.003～0.009 mD，平均值为0.0053 mD，水平渗透率是垂直渗透率的3～5个数量级。

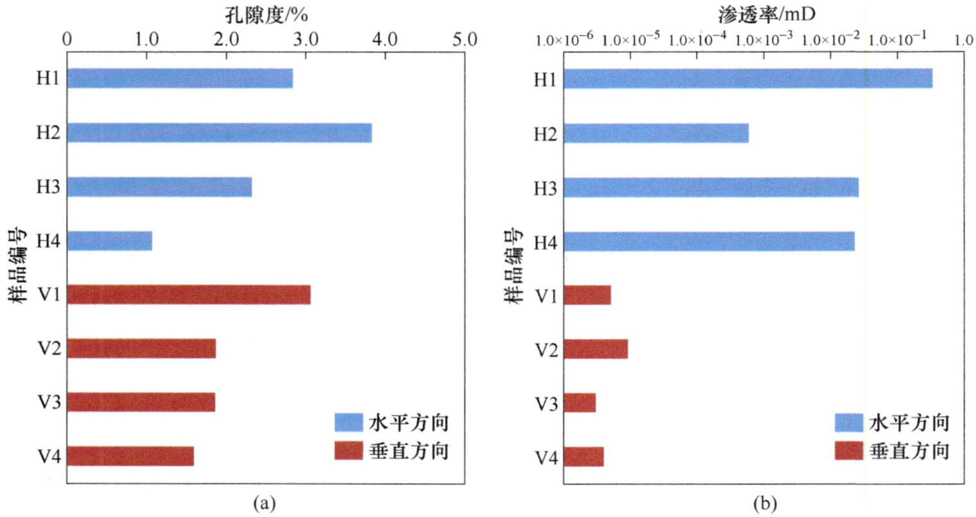

图 4-20　正 75GC1 井页岩常温常压下孔隙度（a）和渗透率（b）分布图

原位转化模拟延长组 7 段页岩柱塞样品加热前和不同温度加热后的孔隙度与渗透率见表 4-3。加热前，延长组 7 段模拟页岩样品的水平（1.07%～3.83%，平均值为 2.51%）和垂直（1.59%～3.05%，平均值为 2.09%）孔隙度间的差异可以忽略，但水平渗透率（0.0012～0.48 mD，平均值为 0.1525 mD）和垂直渗透率（0.000003～0.000009 mD，平均值为 0.000005 mD）之间具有显著的差异，水平渗透率比垂向渗透率大 3～5 个数量级。

表 4-3　原位转化模拟延长组 7 段高 TOC 含量页岩样品加热前、后孔隙度和渗透率的测定值

样品		长度/mm	密度/g · cm⁻³	加热前		加热后		
				孔隙度/%	渗透率/mD	温度/℃	孔隙度/%	渗透率/mD
水平方向	H1	51.41	2.20	2.84	0.4800	320	2.95	0.4412
	H2	52.01	2.11	3.83	0.0012	370	18.10	2.5441
	H3	43.80	2.19	2.32	0.0588	410	19.42	3.3925
	H4	43.60	2.17	1.07	0.0700	450	23.05	6.1944
	平均值			2.51	0.1525	—	—	—
垂直方向	V1	51.58	2.09	3.05	0.000005	320	2.33	0.0015
	V4	26.31	2.03	1.59	0.000004	370	16.81	0.0263
	V3	25.04	2.17	1.85	0.000003	410	19.27	0.0043
	V2	30.77	1.97	1.86	0.000009	450	28.39	0.0133
	平均值			2.09	0.000005	—	—	—

图4-21显示了延长组7段高TOC含量页岩和其他地区油页岩加热前、后的孔隙度与水平渗透率的变化特征。显然，加热对改善延长组7段页岩和其他地区油页岩的孔隙度与渗透率具有重要作用。当加热温度高于400 ℃之后，延长组7段页岩的孔隙度与渗透率明显较加热前的结果高（见图4-21），孔隙度增高10倍，渗透率增大2～4个数量级（见表4-3）。先前的研究显示，油页岩加热至400 ℃以上，孔隙度与渗透率发生数量级增大（Zhao，2011；Liu，2012；Kibodeaux，2014；Wang et al.，2020）。本研究结果揭示，加热前孔隙度一般小于5%，水平渗透率一般小于0.1 mD；加热至400～450 ℃之后，孔隙度增大至15%～30%，渗透率增大至0.1～100 mD。

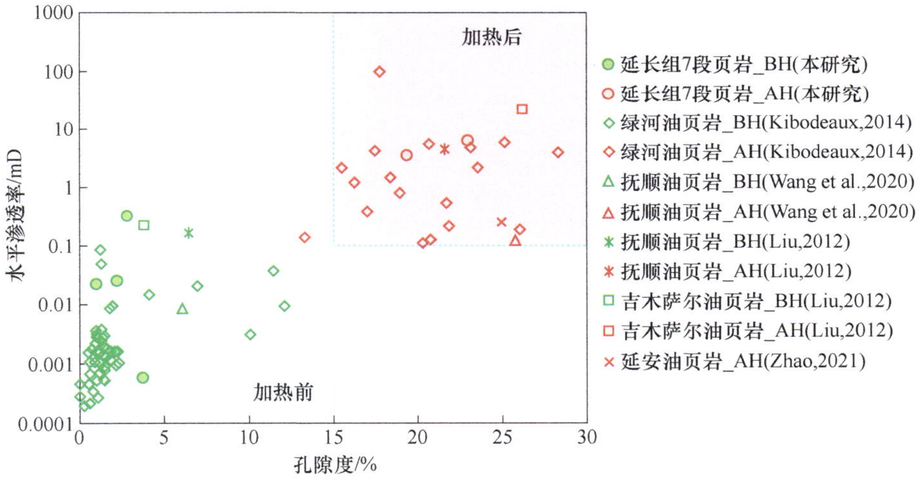

图4-21 不同地区页岩和油页岩加热前、后孔隙度与水平渗透率的变化特征
BH—加热前；AH—400～450 ℃加热后

图4-22显示了延长组7段页岩和其他地区页岩和油页岩随加热温度变化的孔隙度与渗透率变化特征。在实验温度范围（20～450 ℃）内，延长组7段页岩水平和垂直的孔隙度变化高度相似，水平方向孔隙度介于2.51%～23.05%之间，垂直方向孔隙度介于2.06%～28.39%之间。加热至320 ℃之后，水平与垂直孔隙度分别增至2.95%和2.33%。进一步加热至370 ℃之后达到生油窗，水平与垂直孔隙度分别增至18.10%和16.81%。加热至370 ℃期间，大量干酪根发生裂解，原位转化期间页岩中形成丰富的孔隙。对于渗透率而言，在实验的20～450 ℃内，水平与垂直渗透率至少相差2个数量级，水平渗透率介于0.1525～6.1944 mD之间，垂向渗透率介于0.000005～0.02634 mD之间。页岩存在水平层理，所以水平渗透率较高。随温度增高，孔-缝网络变得更加发育与连通，在水平与垂直方向渗透率均增大。原位加热过程中垂直渗透率增大，但从370 ℃至

410 ℃垂直渗透率减小。实验过程中，当有机质达到生油窗时，垂直渗透率受基质连通性控制，在生油窗条件下生成的大量油气赋存于基质孔隙内无法及时排出，导致垂直渗透率逐渐减小。随着温度从 410 ℃增至 450 ℃，基质内微裂缝形成，油气排出，导致垂直渗透率增大，如图 4-22 所示。

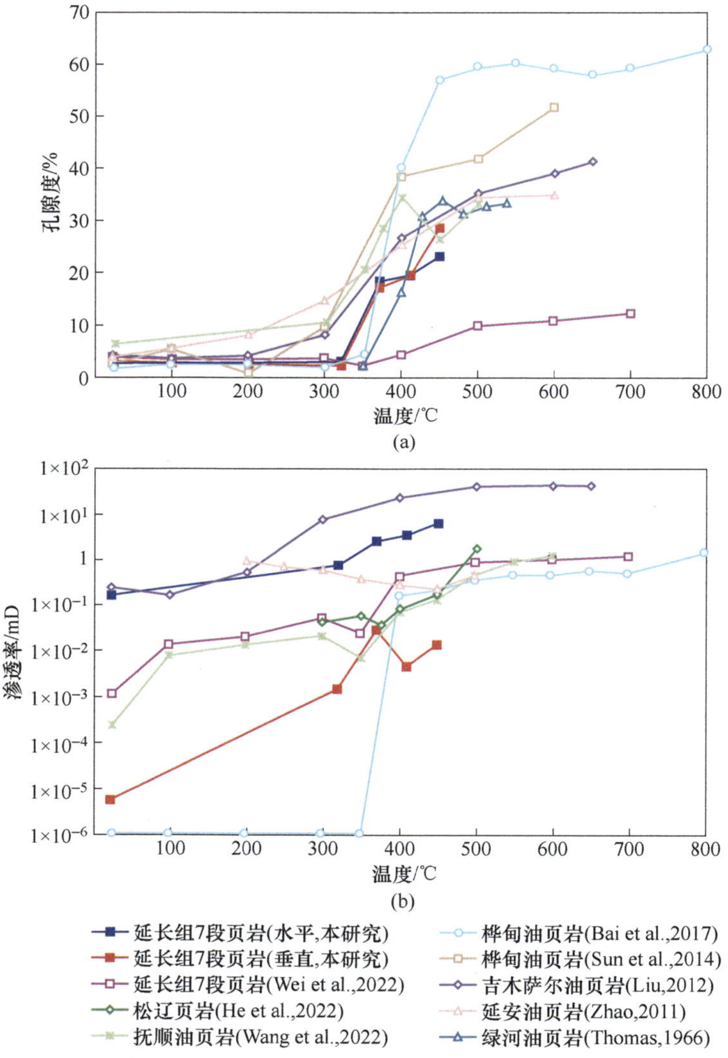

图 4-22　不同地区页岩和油页岩随加热温度变化的孔隙度（a）与渗透率（b）变化特征

先前针对页岩和油页岩孔隙度和渗透率随温度增高条件下的动力学演化研究

结果与本研究的结果具有相似的趋势（He et al.，2020；Wei et al.，2022；Zhao，2011；Liu，2012；Kibodeaux，2014；Wang et al.，2020；Thomas et al.，1996；Sun et al.，2014；Bai et al.，2017）。随着温度的增高，油页岩的孔隙度和渗透率的动力学演化一般与页岩的一致，油页岩和页岩的孔隙度和渗透率急剧增高的温度阈值均约为350 ℃，如图4-22所示。350 ℃温度阈值对应有机质转化为沥青和烃类的起始温度，与油和沥青生成的高峰温度（380 ℃）接近（Ma et al.，2020）。

本研究揭示的延长组7段高TOC含量页岩加热过程中孔隙度与渗透率变化模式与Wei和Sheng（2022）用相同页岩建立的模式基本一致。不过，Wei和Sheng（2022）的孔隙度与渗透率较本研究低些，这可能与样品特性和实验方法不同有关。Wei和Sheng（2022）的研究样品具有更深的埋藏深度（2040 m），较低的TOC含量（14.37%）和较高的黏土矿物含量（43.6%），导致与本研究相比呈现较低的孔隙度与渗透率。另外，Wei和Sheng（2022）使用NMR（核磁共振）方法测定孔隙度作为获得的平均孔隙度，而核磁共振方法有效测定了孔隙直径为0.2～10000 nm，因而造成相对本研究孔隙度较低。

参 考 文 献

陈建平，孙永革，钟宁宁，等. 2014. 地质条件下湖相烃源岩生排烃效率与模式. 地质学报，88 (11)：2005-2032.

崔景伟，朱如凯，侯连华，等. 2018. 页岩原位改质技术现状、挑战和机遇 [J]. 非常规油气，5 (6)：103-114.

崔景伟，侯连华，朱如凯，等. 2019. 鄂尔多斯盆地延长组长 7 页岩层段岩石热导率特征及启示 [J]. 石油实验地质，41 (2)：280-288.

高鹤，姜星宇，刘雪景，等. 2020. 油页岩矿物催化半焦燃烧特性及机理 [J]. 化工学报，71 (12)：5568-5577.

郭慧娟. 2017. 鄂尔多斯盆地东南部延长组页岩的孔隙结构与热演化特征 [D]. 广州：中国科学院大学.

黄彩霞，张枝焕，李宇翔，等. 2013. 鄂尔多斯盆地南部地区延长组烃源岩生烃动力学研究及模拟结果分析 [J]. 石油天然气学报，35 (8)：21-28.

蒋启贵，黎茂稳，钱门辉，等. 2016. 不同赋存状态页岩油定量表征技术与应用研究 [J]. 石油实验地质，38 (6)：842-849.

金强，钱家麟，黄醒汉. 1986. 生油岩干酪根热降解动力学研究及其在油气生成量计算中的应用 [J]. 石油学报，3：11-19.

黎琼，张枝焕，欧光习，等. 2014. 黄桥地区烃源岩有机质的化学动力学研究 [J]. 中国矿业，23 (6)：92-95.

廖玲玲. 2016. 基于全岩的不同类型烃源岩生-留-排烃的实验模拟与应用研究 [D]. 广州：中国科学院研究生院（广州地球化学研究所）.

廖泽文，耿安松. 2001. 沥青质傅里叶变换红外光谱（FT-IR）分析及其在有机地球化学研究中的应用 [J]. 地球化学，30 (5)：433-438.

刘招君，柳蓉. 2005. 中国油页岩特征及开发利用前景分析 [J]. 地学前缘，12 (3)：315-323.

刘招君，董清水，叶松青，等. 2006. 中国油页岩资源现状 [J]. 吉林大学学报（地球科学版），36 (6)：869-876.

刘招君，孟庆涛，柳蓉. 2009. 中国陆相油页岩特征及成因类型 [J]. 古地理学报，11 (1)：105-114.

刘志军. 2018. 温度作用下油页岩孔隙结构及渗透率特征演化规律研究 [D]. 太原：太原理工大学.

卢双舫，付晓泰，陈昕，等. 1997. 原油族组分成气的化学动力学模型及其标定 [J]. 地质学报，(4)：367-373.

卢双舫，钟宁宁，薛海涛，等. 2007. 碳酸盐岩有机质二次生烃的化学动力学研究及其意义 [J]. 中国科学（D 辑：地球科学），2：178-184.

马中良，郑伦举，赵中熙，等. 2016. 吉林桦甸油页岩原位近临界水热解开采室内实验 [J]. 科学技术与工程，16 (12)：1671-1815.

马中良，郑伦举，赵中熙．2017．不同边界条件对油页岩原位转化开采的影响及启示［J］．吉林大学学报（地球科学版），47（2）：431-441．
马中良，王强，郑伦举，等．2019．油页岩原位开采温度-时间-转化率判识方法及应用［J］．吉林大学学报（地球科学版），49（2）：394-399．
齐玉林，张枝焕，夏东领，等．2019．鄂尔多斯盆地南部长7暗色泥岩与黑色页岩生烃动力学特征对比分析［J］．现代地质，33（4）：863-871．
钱家麟，王剑秋，李术元．2006．世界油页岩资源利用和发展趋势［J］．吉林大学学报（地球科学版），36（6）：877-887．
秦匡宗，郭绍辉．1995．NMR在固体化石能源中的应用［J］．波谱学杂志，（5）：451-458．
邱中建，赵文智，胡素云，等．2011．我国天然气资源潜力及其在未来低碳经济发展中的重要地位［J］．中国工程科学，13（6）：81-87．
邱中建，邓松涛．2012．中国油气勘探的新思维［J］．石油学报，33（S1）：1-5．
沈忠民，陈义才．2002．源岩平均活化能影响因素浅析［J］．成都理工学院学报，6：600-604．
沈忠民，陈义才，罗小平，等．2004．源岩活化能分布最小值与有机质成熟度的关系［J］．成都理工大学学报（自然科学版），6：723-725．
孙友宏，郭威，邓孙华．2021．油页岩地下原位转化与钻采技术现状及发展趋势［J］．钻探工程，48（1）：57-67．
万旸璐．2015．鄂南地区三叠系延长组异常压力特征与成藏关系研究［D］．成都：成都理工大学．
王民，卢双舫，董奇，等．2011．有机质生烃动力学模型对比［J］．中国石油大学学报（自然科学版），35（3）：12-18．
王强，彭平安，张文正，等．2018．鄂尔多斯盆地延长组7段页岩全组分定量生烃模拟及原油可动性评价［J］．石油学报，39（5）：541-553．
王玮．2015．传导与对流加热条件下油页岩孔隙结构演化及原位加热模拟分析［D］．太原：太原理工大学．
徐金泽，陈掌星，周德胜，等．2021．油页岩原位转化热解反应特征研究综述［J］．西南石油大学学报（自然科学版），43（5）：220-226．
徐良发，马中良，郑伦举，等．2018．升温速率、时间和含水率对油页岩热解后物性变化的影响［J］．石油实验地质，40（4）：545-550．
杨华，牛小兵，徐黎明，等．2016．鄂尔多斯盆地三叠系长7段页岩油勘探潜力［J］．石油勘探与开发，43（4）：511-520．
杨孝，冯胜斌，王炯，等．2017．鄂尔多斯盆地延长组7段致密油储层应力敏感性及影响因素．中国石油勘探，22（5）：64-71．
杨兆中，朱静怡，李小刚，等．2016．微波加热技术在非常规油资源中的研究现状与展望［J］．化工进展，35（11）：3478-3483．
张斌，于聪，崔景伟，等．2019．生烃动力学模拟在页岩油原位转化中的应用［J］．石油勘探与开发，46（6）：1212-1219．

张红鸽，赵阳升，杨栋，等．2021．温度对油页岩热解-力学-渗流特性的影响研究［J］．太原理工大学学报，52（6）：945-952.

张蓬洲，李丽云，叶朝辉．1993．用固体高分辨核磁共振研究煤结构 Ⅰ．我国一些煤的结构特征［J］．燃料化学学报，3：310-316.

赵静．2014．高温及三维应力下油页岩细观特征及力学特征试验研究［D］．太原：太原理工大学.

赵阳升，梁卫国，冯子军，等．2021．原位改性流体化采矿科学、技术工程［J］．煤炭学报，46（1）：25-35.

赵文智，胡素云，李建忠，等．2013．我国陆相油气勘探领域变化与启示［J］．中国石油勘探，18（4）：1-10.

赵文智，邹才能，汪泽成，等．2004．富油气凹陷“满凹含油”论：内涵与意义［J］．石油勘探与开发，31（2）：5-13.

赵文智，胡素云，侯连华，等．2018．页岩油地下原位转化的内涵与战略地位［J］．石油勘探与开发，45（4）：537-545.

赵文智，赵阳升，李根生，等．2023．陆相中低熟页岩油富集与原位转化科学问题及关键技术［J］．中国科学基金，37（2）：276-284.

ABRAMS M A，GONG C R，GARNIER C，et al. 2017. A new thermal extraction protocol to evaluate liquid rich unconventional oil in place and in-situ fluid chemistry［J］. Marine and Petroleum Geology，88：659-675.

ALLRED V D. 1966. Shale oil developments：Kinetics of oil shale pyrolysis［J］. Chemical Engineering Progress，62（8）：55-60.

ARRHENIUS S. 1889. Über die Reaktionsgeschwindigkeit bei der Inversion von Rohrzucker durch Säuren［J］. Zeitschrift Für Physikalische Chemie，4（1）：226-248.

BAI F T，SUN Y H，LIU Y M，et al. 2017. Evaluation of the porous structure of Huadian oil shale during pyrolysis using multiple approaches［J］. Fuel，187：1-8.

BEHAR F，BEAUMONT V，PENTEADO，et al. 2001. Rock-Eval 6 technology：Performances and developments［J］. Oil and Gas Science and Technology，56：111-134.

BEHAR F，KRESSMAN S，RUDKIEWICZ J L，et al. 1992. Experimental simulation in a confined system and kinetic modeling of kerogen and oil cracking［M］//ECKARDT C B，MAXWELL J R，LARTER S R，et al. Advances in Organic Geochemistry，19：173-189.

BEHAR F，LORANT F，LEWAN M D. 2008. Role of NSO compounds during primary cracking of a Type Ⅱ kerogen and a Type Ⅲ lignite［J］. Organic Geochemistry，39（1）：1-22.

BEHAR F，ROY S，JARVIE D. 2010. Artificial maturation of a Type Ⅰ kerogen in closed system：Mass balance and kinetic modelling［J］. Organic Geochemistry，41：1235-1247.

BEHAR F，UNGERER P，KRESSMAN，et al. 1991. Thermal evolution of crude oils in sedimentary basins：Experimental simulation in a confined system and kinetic modeling［J］. Revue de L'Institut Francais du Petrole，46：151-181.

BEHAR F，VANDENBROUCKE M. 1987. Chemical modelling of kerogens［J］. Organic Geochemistry，

11: 15-24.

BEHAR F, VANDENBROUKE M, TEERMAN S C, et al. 1995. Experimental simulation of gas generation from coals and a marine kerogen [J]. Chemical Geology, 126 (3/4): 247-260.

BEHAR F, VANDENBROUCKE M, TANG Y, et al. 1997. Thermal cracking of kerogen in open and closed systems: Determination of kinetic parameters and stoichiometric coefficients for oil and gas generation [J]. Organic Geochemistry, 26: 321-339.

BJORØY M, WILLIAMS J A, DOLCATER D L. 1988. Variation in hydrocarbon distribution in artificially matured oils [J]. Organic Geochemistry, 13: 901-913.

BOWKER K A. 2007. Barnett shale gas production, Fort Worth Basin: Issues and discussion [J]. AAPG Bulletin, 91 (4): 523-533.

BRAUN R L, BURNHAM A K. 1990. Mathematical model of oil generation, degradation, and expulsion [J]. Energy and Fuels, 4 (2): 132-146.

BRAUN R L, ROTHMAN A J. 1975. Oil-shale pyrolysis: Kinetics and mechanism of oil production [J]. Fuel, 54 (2): 129-131.

BURNHAM A K. 2010. Chemistry and kinetics of oil shale retoring, in oil shale: A solution to the liquid fuel dilemma [M]//OGUNSOLA O I, HARTSTEIN A M, OGUNSOLA O. ACS Symposium Series 1032.

BURNHAM A K. 2017. Global chemical kinetics of fossil fuels, How to model maturation and pyrolysis [M]//Cham, Switzerland: Springer.

BURNHAM A K, BRAUN R L, COBURN T T, et al. 1996. An appropriate kinetic model for well-preserved algal kerogens [J]. Energy and Fuels, 10 (1): 49-59.

BURNHAM A K, BRAUN R L, SAMOUN A M. 1988. Further comparison of methods for measuring kerogen pyrolysis rates and fitting kinetic parameters [J]. Organic Geochemistry, 13 (4/5/6): 839-845.

BURNHAM A K, BRAUN R L, TAYLOR R W, et al. 1989. Comparison of isothermal and nonisothermal pyrolysis data with various rate mechanisms, implications for kerogen structure [C]//Symposium on Comparative Studies of Various Oil Shale, ACS, Dallas Meeting, April, 9-14.

BURNHAM A K, MCCONAGHY J R. 2014. Semi-open pyrolysis of oil shale from the garden gulch member of the Green River formation [J]. Energy and Fuels, 28: 7426-7439.

BURNHAM A K, POMERANTZ A E, GELIN F. 2018. Oil, bitumen, and other confusing concepts: What do lab experiments really tell us [J]. AAPG Bulletin, 102: 653-669.

BURNHAM A K, SINGLETON M F. 1983. High pressure pyrolysis of Green River oil shale [C]//MIKNIS F P, MCKAY J F. Geochemistry and Chemistry of Oil Shales. ACS Symposium Series 230. Washington DC: American Chemical Society.

CAMP W K. 2015. Diagenetic evolution of organic matter cements in unconventional shale reservoirs [C]//American Association of Petroleum Geologists Conference and Exhibition, June, Denver, Colorado, USA.

CAMPBELL J H, KOSKINAS G J, GALLEGOS G. 1980. Gas evolution during oil shale pyrolysis. 1. Nonisothermal rate measurements [J]. Fuel, 59 (10): 718-726.

CAMPBELL J H, KOSKINAS G J, STOUT N D, et al. 1978. Oil shale retorting: Effects of particle size and heating rate on oil evolution and intraparticle oil degradation [J]. In Situ, 2 (1): 1-47.

CAO X, CHAPPELL M A, SCHIMMELMANN A, et al. 2013. Chemical structure changes in kerogen from bituminous coal in response to dike intrusions as investigated by advanced solid-state ^{13}C NMR spectroscopy [J]. International Journal of Coal Geology, 108: 53-64.

CHEN H, LI B, ZHANG B. 2000. Decomposition of pyrite and the interaction of pyrite with coal organic matrix in pyrolysis and hydropyrolysis [J]. Fuel, 79 (13): 1627-1631.

CHEN Y, MASTALERZ M, SCHIMMELMANN, A. 2012. Characterization of chemical functional groups in macerals across different coal ranks via micro-FTIR spectroscopy [J]. International Journal of Coal Geology, 104: 22-33.

COATS A W, REDFERN J. 1964. Kinetic parameters from thermogravimetric data [J]. Nature, 201 (4914): 68-69.

CONNAN J. 1974. Time-temperature relation in oil genesis: Geologic notes [J]. AAPG Bulletin, 58 (12): 2516-2521.

COOLES G P. 1986. Calculation of petroleum masses generated and expelled from source rocks [J]. Organic Geochemistry, 10: 235-245.

CRADDOCK P R, BAKE K D, POMERANTZ A E. 2018. Chemical, molecular, and microstructural evolution of kerogen during thermal maturation, case study from the Woodford Shale, Oklahoma [J]. Energy and Fuels, 32: 4859-4872.

CRADDOCK P R, LE DOAN T V, BAKE K D, et al. 2015. Evolution of kerogen and bitumen during thermal maturation by semi-open pyrolysis investigated by infrared spectroscopy [J]. Energy and Fuels, 29: 2197-2210.

CRAWFORD P, BIGLARBIGI K, DAMMER A, et al. 2008. Advances in World Oil-Shale Production Technologies [C]//SPE Annual Technical Conference and Exhibition, Denver, Colorado, USA, 21-24 September, SPE-116570.

CURTIS M E, CARDOTT B J, SONDERGELD C H, et al. 2012. Development of organic porosity in the Woodford shale with increasing thermal maturity [J]. International Journal of Coal Geology, 103 (23): 26-31.

DATANGEL B, GOLDFARB J L. 2011. Heavy metals in Colorado and Chinese oil shale semicoke: Disposal issues, impediments to byproduct conversion [J]. Energy and Fuels, 25: 3522-3529.

DIECKMANN V. 2005. Modelling petroleum formation from heterogeneous source rocks: The influence of frequency factors on activation energy distribution and geological prediction [J]. Marine and Petroleum Geology, 22 (3): 375-390.

DIECKMANN V, SCHENK H J, HORSFIELD B. 1998. Kinetics of petroleum generation and cracking by programmed-temperature closed-system pyrolysis of Toarcian Shales [J]. Fuel, 77:

23-31.

DYNI J R. 2003. Geology and resources of some world oil-shale deposits [J]. Oil Shale, 20: 193-252.

ER C, LUO A, ZHAO J, et al. 2016. Lithofacies features of organic-rich shale of the Triassic Yanchang Formation in Huachi Aera, Ordos Basin [J]. Earth Science Frontiers, 23 (2): 108-117.

ERTAS D, KELEMEN S R, HALSEY T C. 2006. Petroleum expulsion. Part 1. Theory of kerogen swelling in multicomponent solvents [J]. Energy and Fuels, 20: 295-300.

ESEME E, LITTKE R, KROOSS B M, et al. 2007. Experimental investigation of the compositional variation of petroleum during primary migration [J]. Organic Geochemistry, 38 (8): 1373-1397.

ESEME E, KROOSS B M, LITTKE R. 2012. Evolution of petrophysical properties of oil shales during high-temperature compaction tests: Implications for petroleum expulsion [J]. Marine and Petroleum Geology, 31 (1): 110-124.

FLETCHER T H, GILLIS R, ADAMS J, et al. 2014. Characterization of macromolecular structure elements from a Green River oil shale, Ⅱ. Characterization of pyrolysis products by ^{13}C NMR, GC/MS, and FTIR [J]. Energy and Fuels, 28 (5): 2959-2970.

FRIEDMAN H L. 2010. Kinetics of thermal degradation of char-forming plastics from thermogravimetry. Application to a phenolic plastic [J]. Journal of Polymer Science Polymer Symposia, 6 (1): 183-195.

FREUND H, WALTERS C C, KELEMEN S R, et al. 2007. Predicting oil and gas compositional yields via chemical structure-chemical yield modeling (CS-CYM): Part Ⅰ-concepts and implementation [J]. Organic Geochemistry, 38 (2): 288-305.

GAI H, XIAO X, CHENG P, et al. 2015. Gas generation of shale organic matter with different contents of residual oil based on a pyrolysis experiment [J]. Organic Geochemistry, 78 (57): 69-78.

GANZ H, KALKREUTH W. 1987. Application of infrared spectroscopy to the classification of kerogen-types and the evaluation of source rock and oil shale potentials [J]. Fuel, 66 (5): 708-711.

GAO Y, ZOU Y, LIANG T, et al. 2017. Jump in the structure of Type Ⅰ kerogen revealed from pyrolysis and ^{13}C DP MAS NMR [J]. Organic Geochemistry, 112: 105-118.

GAVIN M J. 1924. Oil shale: An historical, technical and economic study [M]. Washington D C: Government Printing Office.

GLATZ G, CASTANIER L, KOVSCEK A R. 2016. Visualization and quantification of thermally induced porosity alteration of immature source rock using X-ray computed tomography [J]. Energy and Fuels, 30 (10): 8141-8149.

GUAN X H, WANG D, WANG Q, et al. 2016. Estimation of various chemical bond dissociation enthalpies of large-sized kerogen molecules using DFT methods [J]. Molecular Physics, 114 (11/

12): 1705-1755.

GUO H J, JIA W L, PENG P A, et al. 2017. Evolution of organic matter and nanometer-scale pores in an artificially matured shale undergoing two distinct types of pyrolysis, A study of the Yanchang Shale with Type Ⅱ kerogen [J]. Organic Geochemistry, 105: 56-66.

GUO W, ZHANG M, SUN Y H, et al. 2020. Numerical simulation and field test of grouting in Nong'an pilot project of in situ conversion of oil shale [J]. Journal of Petroleum Science and Engineering, 184: 106477.

HAN J, SUN Y H, GUO W. 2019. Characterization of pyrolysis of Nong'an oil shale at different temperatures and analysis of pyrolysate [J]. Oil Shale, 36 (2S): 151-170.

HAN S B, HORSFIELD B, ZHANG J, et al. 2014. Hydrocarbon generation kinetics of lacustrine Yanchang shale in southeast Ordos Basin, North China [J]. Energy and Fuels, 28 (9): 5632-5639.

HAN X X, JIANG X M, CUI Z G. 2009. Studies of the effect of retorting factors on the yield of shale oil for a new comprehensive utilization technology of oil shale [J]. Applied Energy, 86 (11): 2381-2385.

HAN X X, KULAOTS I, JIANG X M, et al. 2014. Review of oil shale semicoke and its combustion utilization [J]. Fuel, 126 (12): 143-161.

HE K, ZHANG S C, MI J K, et al. 2018. The evolution of chemical groups and isotopic fractionation at different maturation stages during lignite pyrolysis [J]. Fuel, 211: 492-506.

HE W H, MENG Q A, LIN T F, et al. 2022. Evolution of in-situ permeability of low-maturity shale with the increasing temperature, Cretaceous Nenjiang Formation, northern Songliao Basin, NE China [J]. Petroleum Exploration and Development, 49 (3): 516-529.

HILL R J, TANG Y, KAPLAN I R. 2003. Insights into oil cracking based on laboratory experiments [J]. Organic Geochemistry, 34 (12): 1651-1672.

HORSFIELD B, SCHENK H J, MILLS N, et al. 1992. Closed-system programmed-temperature pyrolysis for simulating the conversion of oil to gas in a deep petroleum reservoir [J]. Organic Geochemistry, 19: 191-204.

HOU L, LIN S, ZHANG L. 2021. New insights from geostatistics on the genetic relationship between shales, mudstones, and sandstones within a parasequence in the lower Chang 7 Member of the Upper Triassic Yanchang Formation, Ordos Basin, Northern China [J]. Journal of Asian Earth Sciences, 213: 104767.

HOU L H, MA W J, LIU J Z, et al. 2020. Characteristics and quantitative models for hydrocarbon generation-retention-production of shale under ICP conditions: Example from the Chang 7 member in the Ordos Basin [J]. Fuel, 279: 118497.

HUANG Z K, LIANG T, ZHAN Z W, et al. 2018. Chemical structure evolution of kerogen during oil generation [J]. Marine and Petroleum Geology, 98: 422-436.

HUBBARD A B, ROBINSON W E. 1950. Thermal decomposition study of Colorado oil shale [R]. US Berean of Mines Report of Investigation 4744.

HUSS E B, BURNHAM A K. 1982. Gas evolution during pyrolysis of various Colorado oil shales [J]. Fuel, 61 (12): 1188-1196.

IGLESIAS M J, JIMÉNEZ A, LAGGOUN-DÉFARGE F, et al. 1995. FTIR study of pure vitrains and associated coals [J]. Energy and Fuels, 9 (3): 458-466.

JARVIE D M. 2012. Shale resource systems for oil and gas: Part 2—Shale-oil resource systems [C]//BREYER J A. Shale reservoirs—Giant resources for the 21st century: AAPG Memoir 97: 89-119.

JARVIE D M. 2014. Components and processes affecting producibility and commerciality of shale resource systems [J]. Geologica Acta, 12 (4): 307-325.

JIA W L, WANG Q L, LIU J Z, et al. 2014. The effect of oil expulsion or retention on further thermal degradation of kerogen at the high maturity stage: A pyrolysis study of type Ⅱ kerogen from Pingliang shale, China [J]. Organic Geochemistry, 71: 17-29.

JIANG X, HAN X, CUI Z. 2007. New technology for the comprehensive utilization of Chinese oil shale resources [J]. Energy, 32 (5): 772-777.

KANG Z Q, ZHAO Y S, YANG D, et al. 2020. A pilot investigation of pyrolysis from oil and gas extraction from oil shale by in situ superheated steam injection [J]. Journal of Petroleum Science and Engineering, 186: 106785.

KELEMEN S R, AFEWORKI M, GORBATY M I, et al. 2007. Direct characterization of kerogen by X-ray and solid-state ^{13}C nuclear magnetic resonance methods [J]. Energy and Fuels, 21 (3): 1548-1561.

KELEMEN S R, SANSONE M, WALTERS C C, et al. 2012. Thermal transformations of organic and inorganic sulfur in Type Ⅱ kerogen quantified by S-XANES [J]. Geochimica et Cosmochimica Acta, 83: 61-78.

KELEMEN S R, VAUGHN S N, GORBATY M L, et al. 1993. Transformation kinetics of organic sulphur forms in Argonne Premium coals during pyrolysis [J]. Fuel, 72 (5): 645-653.

KELEMEN S R, WALTERS C C, ERTAS D. 2006. Petroleum expulsion Part 2. Organic matter type and maturity effects on kerogen swelling by solvents and thermodynamic parameters for kerogen from regular solution theory [J]. Energy and Fuels, 20 (1): 301-308.

KIBODEAUX K R. 2014. Evolution of porosity, permeability, and fluid saturations during thermal conversion of oil shale [C]//SPE Annual Technical Conference and Exhibition Held in Amsterdam, The Netherlands.

KLOMP U C, WRIGHT P A. 1990. A new method for the measurement of kinetic parameters of hydrocarbon generation from source rocks [J]. Organic Geochemistry, 16 (1/2/3): 49-60.

KOK M V. 2001. Thermal investigation of Seyitomer oil shale [J]. Thermochimica Acta, 369 (1/2): 149-155.

LAFARGUE E, MARQUIS F, PILLOT D. 1998. Rock-Eval 6 applications in hydrocarbon exploration, production, and soil contamination studies [J]. Oil and Gas Science and Technology, 53 (4): 421-437.

LAI D, ZHAN J, TIAN Y, et al. 2017. Mechanism of kerogen pyrolysis in terms of chemical structure transformation [J]. Fuel, 199 (1): 504-511.

LAKSHMANAN C C, BENNETT M, WHITE N. 1991. Implications of multiplicity in kinetic parameters to petroleum exploration: Distributed activation energy models [J]. Energy and Fuels, 5 (1): 110-116.

LAMBERT J M, SIMKOVICH G, WALKER P L. 1998. The kinetics and mechanism of the pyrite-to-pyrrhotite transformation [J]. Metallurgical and Materials Transactions B, 29 (2): 385-396.

LE DOAN T V, BOSTROM N W, BURNHAM A K, et al. 2013. Green River oil shale pyrolysis, semi-open conditions [J]. Energy and Fuels, 27 (11): 6447-6459.

LEWAN M D. 1983. Effects of thermal maturation on stable organic carbon isotopes as determined by hydrous pyrolysis of Woodford Shale [J]. Geochimica et Cosmochimica Acta, 47 (8): 1471-1479.

LEWAN M D. 1985. Evaluation of petroleum generation by hydrous pyrolysis experimentation [J]. Philosophical Transactions of the Royal Society of London A, 315: 123-134.

LEWAN M D, ROY S. 2011. Role of water in hydrocarbon generation from Type-Ⅰ kerogen in Mahogany oil shale of the Green River Formation [J]. Organic Geochemistry, 42 (1): 31-41.

LEWAN M D, RUBLE T E. 2002. Comparison of petroleum generation kinetics by isothermal hydrous and non isothermal open-system pyrolysis [J]. Organic Geochemistry, 33 (12): 1457-1475.

LEYTHAEUSER D, BJOROY M, MACKENZIE A. 1984a. A novel approach for recognition and quantification of hydrocarbon migration effects in shale-sandstone sequences [J]. AAPG Bulletin, 68 (2): 196-219.

LEYTHAEUSER D, RADKE M, SCHAEFER R G. 1984b. Efficiency of petroleum expulsion from shale source rocks [J]. Nature, 311: 427.

LEYTHAEUSER D, RADKE M, WILLSCH H. 1988a. Geochemical effects of primary migration of petroleum in Kimmeridge source rocks from Brae field area, North Sea. Ⅱ: Molecular composition of alkylated naphthalenes, phenanthrenes, benzo- and dibenzothiophenes [J]. Geochimica et Cosmochimica Acta, 52 (12): 2879-2891.

LEYTHAEUSER D, SCHAEFER R G, RADKE M. 1988b. Geochemical effects of primary migration of petroleum in Kimmeridge source rocks from Brae field area, North Sea. Ⅰ: Gross composition of C_{15+}-soluble organic matter and molecular composition of C_{15+}-saturated hydrocarbons [J]. Geochimica et Cosmochimica Acta, 52 (12): 701-713.

LI M W, CHEN Z H, MA X X, et al. 2018. A numerical method for calculating total oil yield using a single routine Rock-Eval program: A case study of the Eocene Shahejie formation in Dongying depression, Bohai Bay Basin, China [J]. International Journal of Coal Geology, 191: 49-65.

LIN R, RITZ G P. 1993. Studying individual macerals using i. r. microspectroscopy, and implications on oil versus gas/condensate proneness and "low-rank" generation [J]. Organic

Geochemistry, 20 (6): 697-706.

LIS G P, MASTALERZ M, SCHIMMELMANN A, et al. 2005. FTIR absorption indices for thermal maturity in comparison with vitrinite reflectance R_o in type-Ⅱ kerogen from Devonian black shales [J]. Organic Geochemistry, 36 (11): 1533-1552.

LIU P, WANG X, MENG Q. 2018. Simulation of shale gas generation by using different experimental systems: A case study from Chang 7 shale in the Ordos Basin [J]. Journal of Natural Gas Science and Engineering, 49: 169-178.

LIU Z. 2012. Temperature dependence of evolution of pore structure and permeability characteristics of oil shale [D]. Taiyuan: Taiyuan University of Technology.

LJUNGSTROM F. 1953. Method of electrothermal production of shale oil. U. S [P]. Patent, 2: 634, 961.

LOUCKS R G, REED R M. 2014. Scanning-Electron-Microscope petrographic evidence for distinguishing organic-matter pores associated with depositional organic: Matter versus migrated organic matter in mudrocks [J]. Gcags Transactions, 3: 51-60.

LOUCKS R G, REED R M, RUPPEL S C, et al. 2009. Morphology, genesis, and distribution of nanometer-scale pores in siliceous mudstones of the Mississippian Barnett shale [J]. Journal of Sedimentary Research, 79 (12): 848-861.

LOUCKS R G, REED R M, RUPPEL S C, et al. 2012. Spectrum of pore types and networks in mudrocks and a descriptive classification for matrix-related mudrock pores [J]. AAPG Bulletin, 96 (6): 1071-1098.

MA W, HOU L, LUO X, et al. 2020a. Generation and expulsion process of the Chang 7 oil shale in the Ordos Basin based on temperature-based semi-open pyrolysis: Implications for in-situ conversion process [J]. Journal of Petroleum Science and Engineering, 190.

MA W, HOU L, LUO X, et al. 2020b. Role of bitumen and NSOs during the decomposition process of a lacustrine Type-Ⅱ kerogen in semi-open pyrolysis system [J]. Fuel, 259.

MA W, LUO X, TAO S, et al. 2020c. Modified pyrolysis experiments and indexes to re-evaluate petroleum expulsion efficiency and productive potential of the Chang 7 shale, Ordos Basin, China [J]. Journal of Petroleum Science and Engineering, 186.

MAO J, FANG X, LAN Y, et al. 2010. Chemical and nanometer-scale structure of kerogen and its change during thermal maturation investigated by advanced solid-state ^{13}C NMR spectroscopy [J]. Geochimica et Cosmochimica Acta, 74 (7): 2110-2127.

MAO J, SCHMIDT-ROHR K. 2004. Accurate quantification of aromaticity and nonprotonated aromatic carbon fraction in natural organic matter by ^{13}C solid-state nuclear magnetic resonance [J]. Environmental Science and Technology, 38 (9): 2680-2684.

METSAOTS K, PRINTSMANN A, SEPP K. 2015. Public opinions on oil shale mining heritage and its tourism potential [J]. Scandinavian Journal of Hospitality and Tourism, 15 (4): 380-399.

MIKNIS F P, CONN P J. 1986. A common relation for correlating pyrolysis yields of coals and oil shales [J]. Fuel, 65 (2): 248-250.

MIKNIS F P, NETZEL D A, SMITH J W, et al. 1982. ^{13}C NMR measurements of the genetic potentials of oil shales [J]. Geochimica et Cosmochimica Acta, 46 (6): 977-984.

MIKNIS F P, TURNER T F. 1995. The bitumen intermediate in isothermal and nonisothermal decomposition of oil shales [C]//SNAPE C. Composition, Geochemistry and Conversion of Oil Shales. NATO ASI Series C: Mathematical and Physical Sciences, Springer, Dordrecht, 455.

PAINTER P C, SNYDER R W, STARSINIC M, et al. 1981. Concerning the application of FTIR to the study of coal, a critical assessment of band assignments and the application of spectral analysis programs [J]. Applied Spectroscopy, 35: 475-485.

PAN C C, YU L P, LIU J Z, et al. 2006. Chemical and carbon isotopic fractionations of gaseous hydrocarbons during abiogenic oxidation [J]. Earth and Planetary Science Letters, 246 (1/2): 70-89.

PEPPER A S. 1991. Estimating the petroleum expulsion behaviour of source rocks: A novel quantitative approach [J]. Geological Society, London, Special Publications, 59 (1): 9-31.

PEPPER A S, CORVI P J. 1995. Simple kinetic models of petroleum formation. Part Ⅲ: Modelling an open system [J]. Marine and Petroleum Geology, 12 (4): 417-452.

PEPPER A S, DODD T A. 1995. Simple kinetic models of petroleum formation. Part Ⅱ: Oil-gas cracking [J]. Marine and Petroleum Geology, 12 (3): 321-340.

PETERS K E, BURNHAM A K, WALTERS C C, et al. 2018. Guidelines for kinetic input to petroleum system models from open-system pyrolysis [J]. Marine and Petroleum Geology, 92: 979-986.

PETKOVIC L M. 2017. Science and Technology of Unconventional Oils [M]//Ramirez-Corredores M M, Academic Press.

PITT B M. 1962. Oxidation of phenylpyruvates to aromatic aldehydes and oxalate [J]. Nature, 196 (4851): 272-273.

POMERANTZ A E. 2016. Toward molecule-specific geochemistry of heavy ends, Applications to the upstream oil industry [J]. Industrial and Engineering Chemistry Research, 55 (16): 4403-4414.

QIN H, HAO Z, WANG Q, et al. 2012. Sulfur release from oil shale in retort [J]. Energy Procedia, 17 (1): 1747-1753.

QIN K, CHEN D, LI Z. 1991. A new method to estimate the oil and gas potentials of coals and kerogens by solid-state ^{13}C NMR spectroscopy [J]. Organic Geochemistry, 17 (6): 865-872.

QUIGLEY T, MACKENZIE A. 1988. The temperatures of oil and gas formation in the sub-surface [J]. Nature, 333 (6173): 549-552.

REYNOLDS J G, BURNHAM A K. 1995. Comparison of kinetic analysis of source rocks and kerogen concentrates [J]. Organic Geochemistry, 23 (1): 11-19.

REYNOLDS J G, CRAWFORD R W, BURNHAM A K. 1991. Analysis of oil shale and petroleum source rock pyrolysis by triple quadrupole mass spectrometry: Comparisons of gas evolution at the heating rate of 10 ℃/min [J]. Energy and Fuels, 5: 507-523.

RITTER U. 2003. Solubility of petroleum compounds in kerogen, implications for petroleum expulsion [J]. Organic Geochemistry, 34 (3): 319-326.

ROMERO-SARMIENTO M F, EUZEN T, ROHAIS S, et al. 2016. Artificial thermal maturation of source rocks at different thermal maturity levels: Application to the Triassic Montney and Doig formations in the Western Canada Sedimentary Basin [J]. Organic Geochemistry, 97: 148-162.

RU X, CHENG Z Q, SONG L H, et al. 2012. Experimental and computational studies on the average molecular structure of Chinese Huadian oil shale kerogen [J]. Journal of Molecular Structure, 1030 (51): 10-18.

RUBLE T E, LEWAN M D, PHILP R P. 2001. New insights on the Green River petroleum system in the Uinta basin from hydrous pyrolysis experiments: rely [J]. AAPG Bulletin, 85 (8): 1333-1371.

SAIF T, LIN Q, BIJELJIC B, et al. 2017a. Microstructural imaging and characterization of oil shale before and after pyrolysis [J]. Fuel, 197: 562-574.

SAIF T, LIN Q, BUTCHER A R, et al. 2017b. Multi-scale multidimensional microstructure imaging of oil shale pyrolysis using X-ray micro-tomography, automated ultra-high resolution SEM, MAPS mineralogy and FIB-SEM [J]. Applied Energy, 202: 628-647.

SAIF T, LIN Q, GAO Y, et al. 2019. 4D in situ synchrotron X-ray tomographic microscopy and laser-based heating study of oil shale pyrolysis [J]. Applied Energy, 235: 1468-1475.

SAIF T, LIN Q, SINGH K, et al. 2016. Dynamic imaging of oil shale pyrolysis using synchrotron X-ray microtomography [J]. Geophysical Research Letters, 43 (13): 6799-6807.

SALMON E, BEHAR F, LORANT F, et al. 2009a. Early maturation processes in coal. Part 1, Pyrolysis mass balance and structural evolution of coalified wood from the Morwell Brown Coal seam [J]. Organic Geochemistry, 40 (4): 500-509.

SALMON E, VAN DUIN A C T, LORANT F, et al. 2009b. Thermal decomposition process in algaenan of Botryococcus braunii race L. Part 2: Molecular dynamics simulations using the ReaxFF reactive force field [J]. Organic Geochemistry, 40 (3): 416-427.

SANDVIK E I, YOUNG W A, CURRY D J. 1992. Expulsion from hydrocarbon sources: The role of organic absorption [J]. Organic Geochemistry, 19 (1/2/3): 77-87.

SCHAEFER R, SCHENK H, HARDELAUF H, et al. 1990. Determination of gross kinetic parameters for petroleum formation from Jurassic source rocks of different maturity levels by means of laboratory experiments [J]. Organic Geochemistry, 16 (1/2/3): 115-120.

SCHENK H, HORSFIELD B, KROOSS B, et al. 1997. Kinetics of petroleum formation and cracking [M]. Petroleum and basin evolution. Springer, 231-269.

SCHENK H J, DI PRIMO R, HORSFIELD B. 1997. The conversion of oil into gas in petroleum reservoirs. Part 1: Comparative kinetic investigation of gas generation from crude oils of lacustrine, marine and fluviodeltaic origin by programmed temperature closed-system pyrolysis [J]. Organic Geochemistry, 26 (7): 467-481.

SCHWARK L, STODDART D, KEUSER C, et al. 1997. A novel sequential extraction system for whole core plug extraction in a solvent flow-through cell: Application to extraction of residual petroleum from an intact pore-system in secondary migration studies [J]. Organic Geochemistry, 26 (1/2): 19-31.

SHIH S M, SOHN H. 1980. Nonisothermal determination of the intrinsic kinetics of oil generation from oil shale [J]. Industrial and Engineering Chemistry Process Design and Development, 19 (3): 420-426.

SOLUM M S, MAYNE C L, ORENDT A M, et al. 2014. Characterization of macromolecular structure elements from a Green River oil shale, Ⅰ. Extracts [J]. Energy and Fuels, 28: 453-465.

SOLUM M S, PUGMIRE R J, GRANT D M. 1989. ^{13}C solid-state NMR of Argonne premium coals [J]. Energy and Fuels, 3 (2): 187-193.

SPEIGHT J G. 2012. Shale Oil Production Processes [C]//SPEIGHT J G. Boston: Gulf Professional Publishing.

SPIGOLON A L D, LEWAN M D, DE BARROS PENTEADO H L, et al. 2015. Evaluation of the petroleum composition and quality with increasing thermal maturity as simulated by hydrous pyrolysis: A case study using a Brazilian source rock with Type Ⅰ kerogen [J]. Organic Geochemistry, 83-84: 27-53.

SUN L N, TUO J C, ZHANG M F, et al. 2015. Formation and development of the pore structure in Chang 7 member oil-shale from Ordos Basin during organic matter evolution induced by hydrous pyrolysis [J]. Fuel, 158: 549-557.

SUN Y H, BAI F T, LIU B C, et al. 2014. Characterization of the oil shale products derived via topochemical reaction method [J]. Fuel, 115 (1): 338-346.

SWEENEY J, BURNHAM A K. 1990. Evaluation of a simple model of vitrinite reflectance based on Chemical kinetics [J]. AAPG Bulletin, 74 (10): 1559-1570.

TEGELAAR E W, NOBLE R A. 1994. Kinetics of hydrocarbon generation as a function of the molecular structure of kerogen as revealed by pyrolysis-gas chromatography [J]. Organic Geochemistry, 22 (3/4/5): 543-574.

THOMAS G W. 1966. Some effects of overburden pressure on oil shale during underground retorting [C]//SPE Annual Fall Meeting, Denver, Colorado, USA, 3-6 October, SPE-1272.

TIAN H, XIAO X, WILKINS R W T, et al. 2012. An experimental comparison of gas generation from three oil fractions: Implications for the chemical and stable carbon isotopic signatures of oil cracking gas [J]. Organic Geochemistry, 46 (191): 96-112.

TISSOT B P, WELTE D H. 1984. Petroleum Formation and Occurrence [M]. Berlin Heidelberg: Springer-Verlag.

TIWARI P, DEO M, LIN C L, et al. 2013. Characterization of oil shale pore structure before and after pyrolysis by using X-ray micro CT [J]. Fuel, 107: 547-554.

TOMIĆ J, BEHAR F, VANDENBROUCKE M, et al. 1995. Artificial maturation of Monterey kerogen (Type Ⅱ-S) in a closed system and comparison with Type Ⅱ kerogen: Implications on the fate of sulfur [J]. Organic Geochemistry, 23: 647-660.

TONG J H, HAN X X, WANG S M, et al. 2011. Evaluation of structural characteristics of Huadian oil shale kerogen using direct techniques (solid-state ^{13}C NMR, XPS, FT-IR, and XRD) [J]. Energy and Fuels, 25 (25): 4006-4013.

TONG J H, JIANG X M, HAN X G, et al. 2016. Evaluation of the macromolecular structure of Huadian oil shale kerogen using molecular modeling [J]. Fuel, 181 (1): 330-339.

UNGERER P. 1988. Kinetic modeling of oil cracking [J]. Organic Geochemistry, 13: 857-868.

UNGERER P. 1990. State of the art of research in kinetic modelling of oil formation and destruction [J]. Organic Geochemistry, 16 (1/2/3): 1-25.

UNGERER P, PELET R. 1987. Extrapolation of the kinetics of oil and gas formation from laboratory experiments to sedimentary basins [J]. Nature, 327 (6117): 52-54.

VANDENBROUCKE M. 2003. Kerogen: From types to models of chemical structure [J]. Oil and Gas Science and Technology, 58 (2): 243-269.

WANG G, YANG D, KANG Z. 2020. Experimental study on anisotropic permeability of oil shale under high temperature and triaxial stress [J]. Chinese Journal of Rock Mechanics and Engineering, 39 (6): 1129-1141.

WANG M, LU S F, XUE H T, et al. 2011. Hydrocarbon generation kinetic characteristics from different types of organic matter [J]. Acta Geologica Sinica-English Edition, 85 (3): 702-711.

WANG Q, ZHAO W Z, LIU H P, et al. 2011. Interactions and kinetic analysis of oil shale semi-coke with cornstalk during co-combustion [J]. Applied Energy, 88 (6): 2080-2087.

WANG S, GRIFFITHS P R. 1985. Resolution enhancement of diffuse reflectance i. r. spectra of coals by Fourier self-deconvolution. 1. C-H stretching and bending modes [J]. Fuel, 64 (2): 229-236.

WEI Z B, GAO X X, ZHANG D J, et al. 2005. Assessment of thermal evolution of kerogen geopolymers with their structural parameters measured by solid-state ^{13}C NMR spectroscopy [J]. Energy and Fuels, 19 (1): 240-250.

WEI Z J, SHENG J J. 2022. Changes of pore structures 1 and permeability of the Chang 7^3 medium-to-low maturity shale during in-situ heating treatment [J]. Energy, 248: 123609.

WELLINGTONS S L, BERCHENKO I E, DE ROUFFINGAC E P, et al. 2005. In situ thermal processing of an oil shale formation to produce a desired product [P]. Google Patents.

WITTE E G, SCHENK H J, MÜLLER P J, et al. 1988. Structural modifications of kerogen during natural evolution as derived from ^{13}C CP/MAS NMR, IR spectroscopy and Rock-Eval pyrolysis of Toarcian shales [J]. Organic Geochemistry, 13 (4/5/6): 1039-1044.

XU Z J, LIU L F, LIU B J M, et al. 2019. Geochemical characteristics of the Triassic Chang 7 lacustrine source rocks, Ordos Basin, China: Implications for paleoenvironment, petroleum potential and tight oil occurrence [J]. Journal of Asian Earth Sciences, 178: 112-138.

YANG Y, WANG Q H, LU X F, et al. 2018. Combustion behaviors and pollutant emission characteristics of low calorific oil shale and its semi-coke in a lab-scale fluidized bed combustor [J]. Applied Energy, 211: 631-638.

YANG Z Z, ZHU J Y, LI X G, et al. 2017. Experimental investigation of the transformation of oil shale with fracturing fluids under microwave heating in the presence of nanoparticles [J]. Energy and Fuels, 31 (10): 10348-10357.

YUAN W. 2018. Formation mechanism of the organic-rich shales in the 7th member of Yanchang Formation, Ordos Basin [D]. Beijing: China University of Petroleum.

ZENDEHBOUDI S, BAHADORI A. 2017. Shale Oil and Gas Handbook [M]. Amsterdam: Elsvier.

ZHAO J. 2011. Experimental study on the relevant laws of oil shale pyrolysis-permeability and internal structure variation [D]. Taiyuan: Taiyuan University of Technology.

ZHAO Y X, WEI F, YU Y. 2010. Effects of reaction time and temperature on carbonization in asphaltene pyrolysis [J]. Journal of Petroleum Science and Engineering, 74 (1/2): 20-25.